U0938232

小城回味志

徐成 著

一口氣讀完才子徐成的《小城回味志》，每個人都有童年，可是徐成可以把童年在嵊州的點點滴滴記得那麼清楚，娓娓道來，如仍身在其中，令人佩服。徐成的文字細膩感人，使我在閱讀中愛上了這個素未謀面的小城，更有些想去嵊州看一看的衝動。一本難得的好書，值得推薦。

方曉嵐

推薦語

作者出生於寧紹平原中部的一個小城嵊州，它毗鄰稻作文明的發祥地——河姆渡。同時，這片土地四季分明，物產豐饒，人文精神深厚。紹興也是王陽明的故鄉，在這樣的土地上面，人們秉承著數十代人傳承下來的文化習俗和對農作物以及收穫所得的加工，製作出無數的美味，感動自己的同時，也把這種感動變成自己的一種生活方式。

作者在這個過程當中尋味幼時感動自己的味道；對這片土地的認可、熱愛，以及對家族的熱愛、回顧。同時，他也因此獲得了心靈的安定，回到了他真正的心靈故鄉。

陳立

序一

與徐成先生素未謀面。

知道他，是因為陸續讀過的一些文章，那是關於香港和日本飲食的隨筆。也因為這些文章，了解到徐兄安身立命的職業是金融，美食只是他的興趣。於是就理解了他的文字為什麼每每在探店、品嘗和落筆時，比許多以美食傳播為生的美食家老師們更加超脫，多了有距離的觀察和幾分冷靜的思考。

讀《香港談食錄》和《日本尋味記》，我們在平實的文字後面看得到他深厚的知識儲備和廣博的研究路徑，以至於我們團隊的導演們主動聯繫他，促成了在拍攝紀錄片《風味人間》時的合作。也正因為紀錄片的合作，我提前讀到了這本《小城回味志》。

徐先生成長的年代，中國經歷著千年未遇的巨變，經濟社會活力的復蘇，和人口的自由流動。他、我以及很多人，在成年時從出生地出發，輾轉到另一個全新的環境中生活，在這個意義上，我們都是背負著故鄉的人。

故鄉，對中國人而言是無法替代的。地域、家族、故土，在鄉土中國，是臍帶般的存在。它既是我們味覺記憶的痛點，也是理解世界的精神依託。

在這本書裡，浙江東部的小城嵊州，千年文脈和百年風味躍然紙上。字句裡寫的不外乎是「風土人情」四個字，但較徐兄之前的文字，明顯看得到按捺不住的情感元素的存在，這是一種叫鄉愁的東西。

在中文和外文的語境裡，「鄉愁」這個詞的意義並不完全重合。在中國人的詞匯裡，它更像是思鄉（homesick），是對故土和親人的思念，對具象的、遠方的牽掛。而英文裡，有一個文學意義上的「鄉愁」（Nostalgia），更多的是有漂泊、離愁的含義，更多的是關照自己的內心。

徐先生已經定居香港，在鋼筋水泥的叢林中打拚，所以在他的文字裡，除了描摹細微到纖毫的記憶中的食物，我們更多看到的，是時間意義上的，對已經消失的城垣、院落、街道，以及漂浮在這一切之上的風味的感傷。

為大變革時代中細小的食物立傳，其實我們和徐成做的是同樣的事情。

陳曉卿
2025 年 5 月 5 日

借紅燈

徐成兄約我給他的新書寫序，聽到「嵊州」兩個字，心中一動。

我一直很想去一次嵊州，這當然是因為這裡孕育了越劇。我是聽著越劇長大的，連搖籃曲都是《葬花》、《讀西廂》。有一次，父母帶五六歲時的我去看《紅樓夢》，「金玉良緣」一開場，賈寶玉剛剛唱完「今天是從古到今第一件稱心如意的事！」我氣憤至極，衝到台口大聲疾呼：「林妹妹已經死了呀！」說罷，已經滿面是淚。全場哄堂大笑，連台上的賈寶玉都笑了場，嚇得我媽連忙把我抱出劇場，很久不敢帶我去看戲。長大之後，有機會採訪那些唱越劇的女子，她們大多白髮蒼蒼，但是一開口，仍舊是鄉音，那些傳奇故事的開頭，都少不了兩個字：嵊縣。

想去嵊州的最初念頭，源自一個叫蕊生的男子寫下的這段文字：「我家住在大橋頭，門前一條石彈大路，裡通覆卮山群村到奉化，外通三界章鎮到紹興，田畈並不寬，但人家迤邐散開，就見得平曠陽氣。⋯⋯太陽斜過半山，山上羊叫，橋上行人，橋下流水湯湯，就有一種遠意。」這段話寫得實在好，當然我對寫這段話的人則有些複雜情緒，我們更熟悉他另一個名字：胡蘭成。

1944 年 5 月，正在和張愛玲熱戀的胡蘭成寫下了著名的

《論張愛玲》:「她讚歎越劇『借紅燈』這名稱，說是美極了。為了一個美麗的字眼，至於感動到那樣，這裡有著她對於人生之虔誠。」我初讀這段，甚是納悶，《借紅燈》這齣戲，在我看來頗為無聊，元宵節出遊的公子哥愛上了豆腐店的小姑娘，兩人定情之際，小姑娘爸爸回來，公子哥藏進箱子裡，結果被悶死。官府先判定小姑娘殺人，後經神仙搭救，兩人破鏡重圓。張愛玲為什麼要獨獨誇獎這樣一齣小戲的名字「美極了」，後來一想，說「借紅燈」事小，恐怕多半還是為了說越劇。因為胡蘭成是紹興嵊縣胡村人，越劇是他的家鄉戲。

徐成兄呈現的是嵊州的味道，是胡蘭成沒有呈現出來的世界。他筆下的嵊州，較之胡蘭成，顯然更為真誠，當然，也更為誘人。也許因為同屬江南，許多食物是我也相當熟悉的，如蘿蔔絲春卷和油墩子，都是我童年喜歡的小吃，又如熟食攤裡的那些鹵味，母親總是阻攔著不讓吃，父親則偷偷買回來，我讀到此處，有會心一笑。

看到「榨麵」這一節，想起一段往事。榨麵類似米粉乾，可以煮，也可以炒。送我榨麵的姑娘是嵊州人，漂泊在北京，但她很不喜歡越劇，總對我說「我們嵊州不是只有越劇的」。我一直沒機會告訴她，她的臉上有嵊州女子獨有的倔強。記得那時候她工作頗不如意，我時常安慰她，她很感動，說要送我家鄉最好吃的吃食，就是這兩包榨麵。沒幾天，她打電話追著問我味道，我有點不好意思，回答說「還沒有吃」。沒想到接下來足足接受了半小時責備，驚魂未定之際，卻又收到責備者發來的食譜，帶圖片，很詳細。我老老實實照做，加了一顆雞蛋，確實美味，但也不敢多言。疫情封禁在家的時候，我翻箱倒櫃找食物，在角落裡看見她贈送的榨麵，這才想起當時只吃了一次。已經顧不上是不是過期，又煮一碗，奇怪，熱氣騰騰中入口，比第一次吃更美味。於是給她發微信，結果次日才得回信，是她妹妹代答，她已經在一年前因病離世。有時候，人和人的緣分，只剩一碗過期的榨麵。

我喜歡徐成兄的這本《小城回味志》，相信在大城市漂泊的每個遊子讀到，都會微微濕了眼眶，那些看起來不起眼的吃食，一束榨麵，一碟臭豆腐，一碗「亮眼湯」，都會成為我們思鄉的藥引子，勾起胸中無數感慨。寫這篇序言的時候，手機裡正在放尹桂芳《桑園訪妻》的唱段，裡面有大段越劇「報菜名」:「白鯗紅燉天堂肉、油煎魚兒撲鼻香、香蕈蘑菇燉豆腐、白菜香乾炒千張」，我推開窗，望見對面寫字樓加班的燈火明滅如漁火，恍惚又是童年躺在外婆膝頭聽戲的辰光，這一刻終於懂得張愛玲說的「紹興戲聽眾的世界是一個穩妥的世界」，原來我們都在借越劇的紅燈，也借徐成兄的文字，照一照回不去的故鄉。

李舒

2025 年 5 月

代自序

我的抓周選擇

嵊州[1]人在嬰兒周歲時要大事慶祝，謂之「得周」或「鬧周」。爺爺娘娘[2]外公外婆要給寶寶送上長命鎖、手鐲、項圈等首飾；嬰兒當天要穿新衣，祭祖禮拜，以求餘生平安順遂。家長們則借著周歲酒，與親朋好友們一聚，除此之外，還要去訂做敲了紅色喜印的糯米果。

我小時候，嵊州的糯米果多為烏豆沙餡，形狀圓圓扁扁，似一輪雪白的圓月。包糯米果所用的烏豆沙餡製作費時費力，略過不述；糯米果的皮子則相對容易製作，只需將糯米充分浸泡後上屜蒸熟，再入石搗臼，加少許涼白開水反覆捶打揉搓即成。剛包好的糯米果還留有餘溫，軟糯香甜，分外好吃。糯米果的外皮鋪了薄薄的一層糯米粉，一口咬下去，這糯米粉也就黏留在了嘴邊，吃者好似長了一層淡淡白鬚，惹來觀者一陣笑。糯米一冷就返生發硬，因此隔夜的糯米果不適宜直接吃，需用少許油細煎，待兩面金黃即可食用。煎過的糯米果外皮略脆，內裡卻還是糯軟香甜，而且傳統烏豆沙裡混有糖漬金橘碎，起到平衡甜膩之效，別有一番食趣。

除了糯米果，得周的人家還要給親朋好友送紅雞籽——嵊州人說的雞籽便是雞蛋。小時候我最喜歡收到紅雞蛋，雖然只是普通的煠[3]蛋，但因蛋殼染了一層紅而顯得分外喜慶可愛。但每家的染色水平不同，有些紅雞蛋甫一上手，已將我的

1 | 糯米果皮子的製作

2 | 艾草糯米果皮子裡要混入艾草碎

3 | 艾草糯米果的包製

4 | 蓋著紅色喜字的傳統糯米果

手指染得殷紅。說來奇怪，這染料在雞蛋殼上的附著力一般，到我手上倒用洗潔精洗上半天都未必消除得掉。

送糯米果和紅雞蛋的數量根據遠近親疏決定，不同親朋贈送的數量差異巨大。至親密友少說也要五十個糯米果打底，有些人家還會送上整數一百，可謂出手闊綽；關係遠的親朋則十個二十個糯米果配上幾枚紅雞蛋表示一下即可。不過現如今，大家日常吃食豐富，糯米果送得就少了，據說每家十個二十個已成定例，很少有人一送就一百個起跳的了。

凡此種種之外，得周還有一個重要環節，名曰「抓周」。即在周歲當日上午，小寶寶要從一桌子物件裡挑一件自己最愛的，以預測孩子未來的職業選擇。據我母親說，我抓周的時候，大人一放手，我就毫不猶豫地朝毛筆爬去，爬到毛筆跟前，緊緊地一把抓住了筆桿子，再也不肯放手。我以前從未問過父母我抓周時的選擇是什麼，最近才知道原來我早已「與筆墨結成了骨肉親」[4]也。抓周雖屬迷信舊俗，但或許真有些許冥冥之力，使我在紅塵喧囂中始終在內心保有一隅靜謐處，可供我沉思與書寫，此非妄語。

知道自己的抓周選擇後，我對寫作一事更有了種天注定的使命感。其實，我的寫作興趣非常寬泛，飲食寫作之外，文學藝術歷史經濟等各個主題都有涉獵。但對飲食文化的關注和熱愛或許是流淌在我們家族血液裡的，這本《小城回味志》可視為我對自己味覺審美體系的溯源之旅。

我太祖父在嵊縣南門外大街開油米醬行，商號為「同發茂」，爺爺子承父業，據說一度將生意做得非常成功。我二伯在民國時，跟著爺爺在米行工作，後加入嵊縣糧管局，對糧米油鹽之道了然於心。我父親雖然年輕時被分配到嵊縣皮革廠工作，但在經歷上山下鄉和文革動盪後，他回歸副食行業，在江濱路擺攤賣起了自製的糖果。他五十歲生我，當時我們家已在市心街經營一家品類齊全的副食品舖子。自有記憶起，我的生活中便充滿了美味的零食、小吃和菜餚。外公外婆做了一輩子農民，種的也無外乎稻米小麥竹筍茶葉等食用作物，似乎我們整個家族都多多少少與飲食有些關係。正如我在《香港談食錄》序言中提及的，父母和姐姐都愛吃，而我母親又擅割烹之道。種種因素疊加起來，令我這個成長於社會餐飲不甚發達的九十年代浙東小城的青年，對食物有了天生的興趣和敏感度。

嵊州雖然只是個小縣城，但它在飲食上有許多值得記錄之處。嵊州人見面也愛以「儂飯有吃過咚哉」[5]為開篇，飲食滲透進了小城生活的方方面面。尤其是我成長於斯的九十年代，此地的一切都欣欣向榮，人們的生活質量肉眼可見地提高著。同質化的快捷現代生活方式還沒有侵染這個浙東小城，當時的嵊州人還保持著非常具有地方特色的飲食文化和節慶習俗，我的童年便浸潤在這樣的氛圍之下。對節氣風土的感知，對四季時令的執著，對傳統生活美學的癡迷，都是我童年飲食經歷留下的烙印。

進入二十一世紀後，過快的城市化進程開始令許多美好的飲食文化和習俗異質化，生活美學隨著生活便捷度的提高而顯著枯萎。尤其在我離開家鄉赴京讀書後，高速的發展令全國一個個特色鮮明的小城鎮逐步同質化，地方文化和方言逐漸丟失。作為一個歷史的經歷者，唯一能做的是盡己所能地記錄這個快速變化的時代。早在 2012 年，我就開始利用閒暇時間撰寫嵊州飲食文化相關的回憶散文，後來將這些文章定名為《小城回味錄》陸續在微信公眾號「走走吃吃」上發佈；最近幾年，我也在《大公報》的專欄裡發表過一些討論嵊州飲食的文章，此乃本書之濫觴。

2022 年初，久無鐵路的嵊州終於通了高鐵，以前只能驅車或坐巴士前往的小城，如今有高鐵可通，想必將有更多遊客前往這千年古城探索。遊客雖然增多，但隨著本地老齡化的加重和人口出生率的下降，近幾年嵊州的人口總數一直處於下行趨勢中。許多年輕人不僅對家鄉文化知之甚少，連能說好嵊州方言者亦日漸稀少，嵊州文化的傳承出現非常嚴重的斷代問題。

考慮種種因素後，我覺得現在正是出版一本討論嵊州飲食文化和習俗的散文集的好時候。香港三聯書店的同仁們聽聞我這一想法都表示支持。考慮到嵊州雖在內地有小吃名城的美譽，但在香港則知之者甚少，我擔心這樣一本關於嵊州的散文集是否會有銷量。但三聯書店的朋友們讓我不要擔心，他們相信出版這本書是有其價值和意義的，在他們的支持下，我懸著的心終於定了下來。

在思考本書標題時，我考慮到全書雖以個人回憶為主線，但也介紹了不少嵊州的飲食文化、節慶習俗、地理歷史和人文典故等，這些內容某種程度上屬方志範疇，因此我決定將本書定名為《小城回味志》。不過，我沒有興趣將其寫成一本內容全面但缺乏個人情感的地方志，因此本書雖名「志」實則內容既不全面，通篇又都是情，犯的都是寫地方志的大忌。

去年完成《日本尋味記》卷一後，本想著有近一年時間可寫作《小城回味志》。未曾想通關後事務繁忙，無論是本職工作，還是旅行計劃都安排得滿滿當當。臨近交稿期限，才趕緊把心中打了千百次的腹稿寫下，反覆批閱增刪數次，終於敢把稿子交給我的編輯寧礎鋒先生了。感謝寧編從不催稿，只做提醒，這讓我感到我倆有十足的互信。感謝香港三聯書店的李毓琪小姐、于克凌總編和葉佩珠總經理對本書和我本人一路以來的支持和關心。感謝嵊州市商業發展集團的領導與同仁們在我回鄉采風時給予我熱情協助，也感謝幫我拍攝了部分配圖的小學校友沈天虹同學。

感謝陳曉卿導演和李舒女士為本書撰寫序言，感謝方曉嵐老師和陳立老師為本書撰寫推薦語，幾位前輩的作品也是我尋味寫作之旅上的重要靈感來源。

最後，我要感謝先君、母親、姐姐和所有家鄉的親朋們。無論你們身在何方，你們的關愛始終是我在人生汪洋中勇敢前行的力量。沒有你們，我就不會擁有如此美味的童年。本書寫作期間，是我這些年與母親和小娘舅交流最頻繁的一段辰光。在我打破沙鍋問到底式的追問下，他們與我一同回憶了許多陳年舊事。希望他們想起的都是快樂往事，至於那些遺憾與難過，就讓它隨風而去吧。

嵊州歷史悠久，除市區外，下屬鄉鎮飲食文化也各具特色。本文既非方志，亦非田野調查，僅記述嵊州古城牆內四四方方一座老城的飲食往事，兼敘我童年時遊歷過的鄉鎮山村。疏漏偏頗在所難免，在此先行致歉。

由於這些文章分散創作於十數年間，它們相互關聯卻又獨立成篇，因此難免內容有所重複。在整理成書時我進行了一定的增刪工作，但考慮到每篇文章的完整性，部分重複的內容予以保留，讀者可將其視作對同一事物的不同角度討論，特此說明。為方便讀者查閱，本書在末尾設置了《索引》，各詞條僅標注其在相關篇章中首次出現的頁碼。

回憶難免經過修飾潤色，文章又倉促成篇，錯訛謬誤恐難避免，懇請讀者諸君不吝指正，不勝感激！

唯願此書不負當年抓周之選。

2025 年 4 月 14 日 於香港

註

1 關於嵊州名字的變遷，有必要稍加說明，書中的嵊州、嵊縣、剡城等均指嵊州。
嵊州秦時名剡，此名來源眾說紛紜，據民國《嵊縣志》記載，秦始皇東遊至嵊州一帶，認為此地有王氣，下令挖坑以瀉王氣，故此地得名剡，剡本意為「削」。漢景帝四年（前 153）設剡縣，王莽時期改盡忠縣，東漢初恢復剡縣；隋屬越州，唐武德四年（621）升為嵊州，625 年恢復剡縣；五代時，吳越王錢鏐於後梁開平二年（908）分出剡縣東十三鄉設新昌縣；北宋恢復剡縣，宣和三年（1121）越州統帥劉韋合在鎮壓了剡縣仇道人起義後，認為「剡」有兵火象，奏請朝廷將剡縣易名為嵊縣，此名一直沿用到 1995 年撤縣設市。另，嵊州境內有東簟、南黃、西白、北雩四山，乘有四之意，故得名「嵊」。
2 娘娘，讀第三聲為奶奶之意，讀第一聲為姑姑之意；單字「娘」，讀第一聲為姑姑之意，讀第三聲為母親之意。
3 煠：水煮；煠蛋即為帶殼水煮的蛋。
4 徐進編劇，越劇《紅樓夢》中《黛玉焚稿》一齣中的唱詞。
5 嵊州方言，類似北京人說的「您吃了嗎？」，書中嵊州方言都以城關鎮老城區口音為標準。

目錄

記憶中的熟菜攤

1

熟菜攤在我的記憶裡是常與黃昏相關聯的。

每當華燈初上，

夜色尚未蔓延而夕陽卻已西沉時，

回家途中一切食物的味道似乎都在訴說家的美好。

我的家鄉嵊州是一個很小的城市，面積不到兩千平方公里，人口未過百萬，但建制卻已有兩千多年了。以前它叫嵊縣，這個名字從北宋徽宗宣和三年（1121）開始便沒換過，直到 1995 年撤縣設市的時候又換回了唐朝時的稱謂「嵊州」。在嵊州還是嵊縣的時候，全市最繁華的主街道叫做市心街。顧名思義，這條長不足千米，寬僅十米的小街地處縣城中心，是舊時全縣的商業繁華之所在。我在市心街尾的老台門[2]裡長大，對於這裡的變遷自然十分了解，每次看到老街的新顏，心中總不免有種遺老般的哀歎，物是人非之感油然而生。

上世紀九十年代中期的時候，市心街依然十分繁華，兩邊都是鱗次櫛比的商鋪——有些是固定的鋪位，有些則是臨街老樓改的店面。街上的樓房多是木質結構，一看便是民國或清末

嵊縣古城墻西前街一段

建築，店鋪的牆壁上有許多精緻的浮雕，屋樑上也有浙江一帶傳統的吉祥雕花。店家一樓第一進的屋子開了門成了店鋪，第二進則一般是客廳，第三進則是廚房，而後門則可直通最近的公廁；二樓多為店家的住處。因此這裡的商業味並不純粹，其中夾雜著濃郁的市井生活氣息。古城牆裡的老城極小，故而居民們大多互相認識，那是一個夜不閉戶，孩童獨自出門遊玩也不擔心走失的淳樸年代。

市心街是南北走向的，靠近其南端，出了城牆有一條橫貫老城東西的南大街，南大街也是老城繁榮之所在，各種店鋪裡售賣著小城各家各戶必需的生活用品。就在這市心街和南大街相匯的十字路口，每到傍晚就會出現三四個熟菜攤。我母親是不喜歡熟菜的，一來她覺得熟菜在這車水馬龍之中擺放多時，未必乾淨；二來母親認為熟菜攤的用料是不會好的；三來廚藝頗精的母親可能覺得買熟菜有不尊重其手藝之嫌。但是父親卻喜歡偶爾買點熟菜回家，每次母親打開裝熟菜的塑料袋，總會說這菜用料如何不好，然後嘗一口說味道如何一般云云。但對我而言，總覺得熟菜攤的菜都特別香，特別好吃，因此父親不顧母親的反對，常為我從熟菜攤帶些小菜回來。

現在想來，母親做菜的時候所用香料極少，連麻油她都不喜歡用。只有在燉肉時，母親才會用些桂皮、茴香[3]和香葉，其餘時候菜的味道主要由加飯酒、鹽、醬油及食物本味構成。怪不得我那時候會覺得熟菜攤的菜這麼香呢，單是香油他們便用得不吝嗇，更別說其他香料了。

熟菜攤裡，父親時常買的有三樣菜，一是荷葉粉蒸肉。粉蒸肉自我有印象起是一元一個，後來逐漸漲成三元，再後來熟菜攤消失，我便再也沒有見過這香噴噴的粉蒸肉了。這個粉蒸肉和四川的並不相同，其用大張荷葉包裹，肉選用的是五花肉，肥瘦相間，切成薄片，調味後裹上炒香的米粉。荷葉由於蒸製多時，都已發黑，打開荷葉後肥肉的油水蒸化流出，看上去非常誘人。吃完之後，荷葉上時常會殘留些肉碎以及米粉，我一般都會用筷子把這些殘渣都刮得乾乾淨淨，這些黏在荷葉上的米粉由於混合了肉的肥油及荷葉的清香，成為了整塊粉蒸肉中最好吃的部分。

第二樣則是豆腐皮卷。我們所說的豆腐皮指的是北方所謂的油豆皮[4]。農村人家一般都自行製作，而城裡人則去市場上買現成的。豆腐皮卷十分好做，將豆腐皮用水沾濕令其發軟，再包裹上提前調製好的餡料，放進蒸籠裡一蒸便可食用了。記得熟菜攤的爐子一直生著火，大圓竹蒸籠裡一直蒸著新的豆腐皮卷。這個菜的調味很淡，雖然豆腐皮卷多是肉餡的，但是嘗起來卻有一種淡淡的大豆甜味，毫不膩口。有時候母親在家也會製作，但她一般喜歡將其用來煮湯，而不是蒸好直接食用。

第三樣菜是千張卷，千張[5]是浙江的傳統豆製品，嵊州人多捲成小卷食用，也有打成千張結的。母親喜歡用千張卷與肉同燉，味道也是十分鮮美的。說起這個，我想起小時候的一件意外，由於千張卷易散，母親習慣用棉線捆紮後再和肉一同燉煮。結果有次我不小心把棉線吃了下去，等發現時已有大半入肚。但是棉線細而難咽，只好用手拖出，難受至極，從那以後我便對千張卷失去了興趣。但熟菜攤的存在遠早於那次小意外，因此那時候父親也常買千張回來。這千張的做法類似於烤麩，用醬油和糖調味，因此較甜。這正犯了母親不喜食甜的大忌，所以每次買回來她都一口不吃，全由我和父親以及姐姐解決。

除了這三樣常買的菜以外，熟菜攤裡還有很多非常傳統的家鄉菜，比如醬香豬腳爪、糯米塞豬肚、紅燒肥腸等。糯米塞豬肚是我小時候特別愛吃的一個菜，熟菜攤上可切片購買，自家製作則一定是整個豬肚烹製。此菜說難不難，但又容易做得不好吃，做法是將浸泡好的糯米塞入洗淨的豬肚裡，然後上鍋燉煮，至豬肚和糯米都綿軟入味為止。母親的做法是在糯米裡

上｜荷葉粉蒸肉

下｜豆腐皮卷可直接吃，也可煮湯或者紅燒，此圖為紅燒做法。

上｜母親做的紅燒肥腸

下｜母親做的糯米塞豬肚

混入雞蛋，增加味道層次和糯米的口感。如果烹煮不當，往往豬肚發硬，糯米半生不熟，難吃至極。糯米塞豬肚煮好後一般切成薄片蘸醬油食用，我小時候一口氣能吃下半個豬肚！但是由於擔心這些內臟食材處理得不夠衛生，而且母親也擅長烹製，因此我們幾乎從未買過這些菜。

小時候父親在市心街經營副食品生意，每當夜幕降臨時，他便收舖回家吃飯，而熟菜攤正好在這個時候擺出來。我每天晚上和同學一起從學校所在的城南走回城隍山腳下的家，總會路過那一排熟菜攤。除了這一排熟菜攤，離我家不遠的街邊，一到傍晚就有一個賣豬頭肉的大叔。他每天踩著三輪車，運來一大鍋蒸好的豬頭肉；到了固定的位置，他便停好車，搬出豬頭肉，拿出一杆小秤和一條小板凳，靜靜坐著等待顧客光臨，頗有點願者上鉤的意思。母親說，這大叔的父親就是賣豬頭肉的，看來他是子承父業。自我家搬來市心街後，每天傍晚這賣豬頭肉的大叔都準時到崗。我每次經過他的攤位都會被豬頭肉的香氣吸引，一回家就求父母去買些回來加菜。他家的豬頭肉糯軟鮮香，完全不肥膩，除了少許椒鹽，不需要任何佐料就已很美味。如今回想起來，這該是我吃過最香最糯最美味的豬頭肉了。

還有個賣五香混蛋喜蛋的老婆婆也讓我記憶猶新。嵊州話的「混蛋喜蛋」就是部分地區所謂的「毛雞蛋」是也，而南京人說的「活珠子」，我們稱為「活蛋」。混蛋／喜蛋的區別在於喜蛋裡面已有成形的小雞小鴨，而混蛋裡僅有混沌不清的胚胎。與活蛋不同，混蛋喜蛋一般都用孵化失敗的死蛋烹製。不

上｜豬頭肉

下｜左為混蛋，右為已成形的喜蛋。

過有時候父親會從菜市場買生的混蛋喜蛋回家，確也有生命力頑強的小雞破殼而出，可見雞鴨養殖戶挑揀得並不仔細。一般我們較少吃活蛋，因覺得這太過殘忍，但混蛋喜蛋卻是當年嵊州非常流行的一個小吃。混蛋喜蛋燉得香氣撲鼻又入味，論味道並不算挑戰，只不過喜蛋裡面的雞鴨羽毛都已長出，很多人看到就害怕，而且小雞羽毛吃上去口感亦不佳；而混蛋則僅有胚胎形狀，沒有羽毛硬喙等惱人部分，因此是我的最愛。這老太太賣混蛋喜蛋多年，全城雖然有不少熟菜攤都售賣這一味，唯獨她家的獲得我母親首肯。多年不吃混蛋喜蛋，現在的我不知還敢一試否？

熟菜攤在我的記憶裡是常與黃昏相關聯的。每當華燈初上，夜色尚未蔓延而夕陽卻已西沉時，回家途中一切食物的味道似乎都在訴說家的美好。我加快腳步往家走去，心裡念著家中那一桌美味豐盛的晚餐。而這熟菜攤如同路上一戶戶正在準備晚飯的人家一樣，傳出陣陣香氣，告訴背著大書包的我，只要回家，一天的不舒心皆可由美食來消除。人說少年不知愁滋味，其實看似天真爛漫的孩童，也是天天有其煩惱的，只不過如今回望才發現，當時的愁滋味與成年後的相比，簡直是甜蜜的煩惱。

每當週末放假在家，我便會在傍晚時去父親的舖子上等他收店，希望能夠在一起回家的路上碰到熟菜攤，讓父親買幾樣熟菜回去。這樣的小陰謀時常得逞，現在想來，我從小便是愛吃之人，時至今日，飲食二字成了我生命中無比重要的主題。

市心街被拆除後，原址所建的文化廣場。

後來我離開家鄉，到北京求學，每年回家的時間越來越短，到最後幾乎成了個過客，匆匆地回去待上幾天，又匆匆離開。往日那些要求父親買熟菜回家的日子也早已遠去，而那些記憶中的熟菜攤也漸漸凋零。

早在 1999 年，老城區就開始拆遷，兩年後，市心街最繁華的一段便徹底消失了，替代它的是一個華而不實的廣場。那些躲過了 1942 年 5 月 17 日日寇轟炸的古鎮老建築，還是未能躲過九十年代轟轟烈烈的拆遷大潮。後來所建的新樓新廣場毫無地方特色，讓嵊州成為了千城一面的「範例」之一。隨著市心街的拆遷，老街上的店舖也搬遷到了城市各處，那些老鄰里們見面的機會越來越少，市心街往日的繁華自不復見。世事便是如此，預料之外的強力讓變故來得那麼突然，我們熟悉的生活很容易在一朝一夕間遭到摧毀。如果還要去尋找，也還是有一些熟菜攤繼續經營的，但記憶中的那種香氣與美味卻永遠也找不回來了。

記憶就是如此狡猾的一個騙子，明明如此普通卻被它加工成無可替代。記憶雖是騙子，卻也柔情，用時間醞釀出來的花言巧語將過去修飾得美好異常，供人回味一生。

註

1 本篇寫於 2012 年 11 月 6 日，於北京；修改於 2022 年 7 月 12 日，於香港。

2 台門是一種紹興民居院落，傳統上一個台門為同一家族的宅院。台門通常為縱向延伸結構，進數二至七進不等；嵊州的台門一般由台門斗（即朝外的第一進門）、道地（天井）、堂前、樓房和廂房等組成，視乎該家族的財富狀況和社會地位，台門結構複雜度差異較大。

3 嵊州話的茴香是指大茴香，即八角。

4 即廣東之腐皮。

5 豆花壓榨得薄而乾身即得千張，本質上是一種豆腐皮，但嵊州方言裡「豆腐皮」僅指腐皮，因製作工藝完全不同。

千般味俱往矣

1

老街兩邊不同年代的建築物交錯坐落，
經年累月，慢慢形成了小城獨有的風貌。
一路走來，大小食肆飄香，吸引著小城居民前去光顧，
都是九十年代充滿回憶的味道。

近二十年，中國一直處於一種亢奮的狀態中。尤其是市鎮的發展，更是急著要擺脫先前的老舊模樣，換上「國際化」的新顏。於是到如今，千城一面，每個城市看上去都差不多，原本特色鮮明的老城在推土機下灰飛煙滅。嵊州也不例外，原先延續了千百年的城市規劃被改得面目全非。這邊大建廣場，那裡大修高樓，原先的剡城風骨，早已難尋痕跡了。

然而我小時候，嵊州的市中心依舊是四方端正、面水靠山的老城，老街市心街貫穿南北，東西向則有南大街，周圍清朝民國建築混搭著現代建築，頗有些靜謐古鎮的味道。那時我家在市心街頭開副食品舖子，住所則在市心街尾，因此小時候我無數次地走過這條現已幾乎不復存在的老街，也曾無數次被形形色色的街頭小吃吸引得停下了腳步。如今，那些我曾熟悉的

根據舊照片和我的回憶所繪製的市心街舊景。

小店小攤早已不知去向，其中一些小吃還經久不衰地有人售賣著，而另一些則已蹤跡全無。

有時候我會沉浸在回憶裡，從中尋找那些久違的美味，在腦海中慢慢重新構建起那早已不復存在的老街，來重溫兒時的味道。市心街上各色小吃齊全，且都極具地方特色，香臭甜辣軟硬酥韌，千般滋味待你一路走來一路吃，把自己吃得飽飽的。

讓我們以南城牆外的煙糖公司第二商店為起點，沿著市心街往北走。沒走幾步路，在城牆腳下就有一個小鐵棚子，若要說它是個店面，未免有些誇大了；稱它為小攤，則人家還是有門臉有屋頂的。總之那是一個小小的鐵皮屋子，裡面售賣的小吃品種不多，主要是現捱[2]的春餅和一些油炸小食。其中我最愛的是油炸臭豆腐和油炸蘿蔔絲春卷，當然它家的油氽[3]果也是很經典的嵊州小吃。九十年代，售賣這幾樣小吃的攤販和小店多如牛毛，但這鐵皮小屋是我最愛光顧的一家，故而至今都記憶猶新。

臭豆腐，嵊州話又叫臭豆腐乾；寧紹一帶流行的都是紹興臭豆腐，嵊州自然也不例外。紹興臭豆腐不同於湖南臭豆腐，看外表，兩者一金黃一墨黑[4]。看製作過程也全然不同，前者的臭味主要來源於黴莧菜梗的汁水，後者的鹵汁則以黑豆豉、明礬、香菇、冬筍等調製而成。吃起來，紹興臭豆腐臭味較重，湖南臭豆腐看著漆黑，其實臭味相對溫和。紹興臭豆腐取白豆腐為主料，置於莧菜梗鹵水中入味，夏季半日至一日即可，冬季則至少浸泡過夜，才能使豆腐入味。鹵好的豆腐瀝乾鹵汁，下油鍋炸至表面金黃即可食用。

製作臭豆腐乾的過程並不複雜，最關鍵的一步在於取得好的莧菜梗汁。如今想必沒多少人會自己醃製莧菜梗了，一來，「醃製食品有亞硝酸鹽，不利健康」的宣傳已深入人心，人們自然就一刀切地決定少吃醃菜了；二來，莧菜梗發酵後頗為難聞，現代住宅中又缺少放置醃菜缸的空間。母親卻擅長此道，雖然為健康計，這幾年我們家也較少吃醃製食品了。但我小時候，醃鹹菜和莧菜梗是我家每年必進行的活動。鹹菜多在冬天醃製，尤其是雪裡蕻，次年開春煮筍乾菜的時候要用到；黴莧菜梗則在夏天莧菜長得旺盛時就可醃製。莧菜在浙東一帶頗為常見，吃完嫩葉後，過季的莧菜會繼續生長成高約一人的老莧

上｜霉莧菜梗

下｜小菜場裡有一盒盒泡好的臭豆腐，買回去直接炸就可以了。

菜。老莧菜的嫩頭可以直接煮豆腐食用，鮮嫩可口；而其老莖則是製作醃莧菜梗的原料。醃製莧菜梗先要把莧菜莖切成六厘米左右長短的小段，毋須清洗，將其碼入大盆中，撒入適量食鹽，過夜後再徹底洗淨並瀝乾。隨後一層莧菜梗一層鹽地放入醃菜缸中，將莧菜梗壓實，缸口密封，一兩週後便成為了可食用的醃莧菜梗。醃製後的莧菜梗有較濃重的臭味，這是一種發酵混雜著蛋白質分解的味道，一般人聞到避之不及，但嵊州人知道，只要把黴莧菜梗上鍋清蒸，再配以麻油一同食用，那簡直是一等一的市井美味。發酵後的莧菜梗內部已經醃得糯軟，蒸後口感極佳，一口咬下去，鮮味濃郁的汁水充盈口腔，而一些較嫩的部位更是軟如豆腐，全然無渣。黴莧菜梗是醃製食品，鹹味較重，是下飯的良菜。不過由於此物氣味過重，愛之者甚愛，恨之者避之不及。

這莧菜梗的汁水便是泡製紹興臭豆腐的關鍵所在了，好的汁水才能泡出發酵程度適中、口感正好的臭豆腐乾。因此，做臭豆腐乾不難，做出好吃的臭豆腐乾則是個技術活。記得兒時市心街這間小鐵棚裡的臭豆腐乾水準保持得極好，食客點了之後，店家當場炸製，他身旁的塑料瀝水籃裡整整齊齊地碼著剛從莧菜梗鹵汁中取出的生臭豆腐乾。通常我會讓店家現捱兩張薄而脆的春餅，再讓他將炸好的臭豆腐乾從中間撕開，放於春餅中，抹上少許辣椒糊和甜麵醬，再將春餅捲起來，一口咬下去，春餅皮酥脆，抹了辣椒糊的臭豆腐熱辣香酥，再混著甜麵醬淡淡的鹹甜味道，複雜的滋味在口中混合昇華，讓人不知不覺幾口就吃完了一大卷臭豆腐春餅。由於一切都是現做的，因此非常燙嘴，我時常吃得呼嗤呼嗤仍不肯停下。

嵊州的春餅類似福建的潤餅，和北方的全然不同。它的製作過程看似簡單，實則非常具有技術性，製作春餅的人手起手落，往往只有數秒時間，看得人眼花繚亂。因此「烙」字絕不能形容其製作過程，嵊州方言以「捱」形容這個動作，若非要找個普通話裡的同義詞，則以「抹」字為佳。製作春餅，先要和好麵。和麵時需不停地沿一個方向攪拌麵糊，直到麵糊變成勁道的濕麵糰為止。然後燒熱特製的圓形鏊子，一手抓著麵糰，往鍋面上迅速一抹，薄薄一層麵遇熱立刻成形，邊緣很快酥脆翹起；此時，另一隻手需用小刮刀沿著翹起的餅邊迅速轉上一圈，將整張薄如蟬翼的春餅提起，一張春餅方告成。

這鐵皮小屋除臭豆腐乾炸得好吃外，他們的蘿蔔絲春卷也讓我印象深刻。自從這家小店拆了之後，我就很少在街頭看到這種小吃了。說起來，這東西無甚特別，不過是現捱的春餅裡包裹著新鮮蘿蔔絲和蔥花，捲起來在油鍋裡一炸。春餅很薄，炸後更酥脆了，蘿蔔絲卻依舊保持水分，一口咬下去，酥軟相合，蘿蔔的鮮甜混著蔥的清香，讓人不禁感歎此物美味。逢年過節，母親也會在家炸製春卷，但裡面包裹的一般是肉沫，因此與這蘿蔔絲春卷大相徑庭。

這小鐵棚裡同時還售賣油氽果，油氽果基本與上海人所謂「油墩子」一致，只不過嵊州的油氽果個頭更小些，炸得更深更酥些。我從小對油氽果便興趣寥寥，常覺得太過油膩，尤其是麵糊放太多的油氽果更是一般。不過炸得好的油氽果偶爾一吃是非常美味的，好的油氽果應是麵糊薄而酥脆，內部的蘿蔔

上｜春餅極薄，很快就烤好了。

下｜傳統的臭豆腐春餅

絲則綿軟多汁。但現如今街頭小攤上的油余果常常皮厚餡少，讓人難以下嚥。其實油余果的製作並不難，炸勺裡放少許麵糊打底，再放入一小團事先調過味的蘿蔔絲混小蔥餡，然後用少許麵糊蓋住餡料，最後入鍋炸至淺棕色即可。可惜用心做這小吃的人越來越少，現在家鄉的孩童們估計也更願意去吃西式快餐店的油炸食品吧？我曾經從家鄉帶了製作油余果的小炸勺回京，可惜後來找不到了，一次也未炸成。

春餅不僅可以包臭豆腐，也可包油余果；更可以雙拼全包，我小時候最愛雙拼。如今還出現了春餅包豬頭肉的吃法，在我小時候，嵊州老城裡絕無這種吃法，據說是黃澤鎮[5]上流行起來的。之前回鄉試了下春餅包豬頭肉的吃法，頭幾口還算美味，到後面就覺油膩了，遠不及以前樸素的臭豆腐春餅或油余果春餅來得美味。幸好現在一些小攤上還有臭豆腐、油余果春餅賣，只不過現場捱春餅的舖子沒那麼多了，若要吃到兒時滋味，需得踏遍全城去尋那為數不多還維持古法的小店了。

這鐵皮屋對面有兩家國營飯店，它們的隔壁便是舊時每個內地城市都有的「人民理髮店」。兩家飯店中，位於南門外的是當時在嵊州大名鼎鼎的東風飯店。東風飯店的前身是1941年由陳祥老在南門外開設的祥記飯店，建國後，在公私合營浪潮下，祥記飯店轉為國營的東風飯店。大人們說，六七十年代時，在東風飯店請客是非常有面子的事，不僅因為他們菜做得好，還因為此地定價高，一桌「和菜」至少四元起，不是一般人吃得起的。大時大節或有喜事兒時，大家才會去東風飯店打

以前黃澤鎮有春餅包豬頭肉的吃法，如今在市區也開始流行。

牙祭。可惜我有印象時，東風飯店已經沒落了，我從來沒在裡面吃過飯。

另一家飯店位於城牆內側，名字我已記不得了，只記得這飯店每日極早開門，為的是趕早餐生意。他們賣的小籠包是發麵的，麵厚餡少，又乾又難吃，因此我從來不買。我父母從不光顧，據說我小時候他們的烹飪水準已非常堪憂。九十年代商品經濟在剡城蓬勃發展，新興的餐廳酒樓如雨後春筍般湧現，國營飯店顯得老態龍鍾，有些跟不上時代的步伐了。我上小學不久，這兩家國營飯店依次結業，成為了歷史的片段。

唯一讓我懷念的是他們售賣的一種叫做「爛肚腸麻糍」的小吃。「麻糍」在嵊州方言裡是年糕的意思，但嵊州年糕為晚粳米所做，「爛肚腸麻糍」卻是糯米做的。曾經有那麼一陣子，我很懼怕這種食物，覺得吃了它真會爛肚腸。其實所謂「爛肚腸」是指這麻糍長而綿軟，像柔軟的肚腸一般，裡面則是黑漆漆的烏豆沙餡。但在想像力豐富的兒童腦海裡，這形容詞竟衍生出可怕的意象來。

繼續向北走去，在西後街還有當時嵊州唯一的麵包房，我常去買他們剛出爐的香腸麵包吃。那時候的麵包房可不似如今這般洋氣雅致，它的樣子活像一個大型作坊，一眼可以望見裡面的各種烤爐、製作台和擺放烤好的麵包的巨大架子，臨街的櫃枱裡放著他們各色各樣的烘焙產品，除了麵包，也有奶油蛋糕等。顧客只能在櫃枱前選購想要的麵包種類，不能進店自助挑選，自助式的店鋪要到九十年代後期才流行起來。

市心街上每日熙熙攘攘，常可見各種小攤販沿街售賣農產品和自製的吃食。到了夏天炎熱時節，必有攤販在路邊售賣冰涼爽滑的柞子[6]豆腐。只見小販用扁擔挑來兩個竹籃，上面蓋著碧綠新鮮的荷葉，顧客來問時，他才掀開荷葉，露出那方方正正、棕色且泛著幽光的柞子豆腐來。所謂柞子，其實是麻櫟樹的果實。秋天柞子成熟，採摘下來後經過多道工序磨成粉，到夏日就可製作解暑消夏的柞子豆腐了。賣柞子豆腐的小販備有荷葉，顧客購買後，他會用荷葉將豆腐包裹好並奉送一小包白砂糖。回家後，顧客需將豆腐切成小方塊，加上白砂糖一起食用。柞子豆腐有股特殊的清香，入口後有淡淡苦味，尾韻回甘，是頗可以解暑的，據說還有止瀉解毒的功效。不過我小時

柞子豆腐

候不耐苦味，因此很少吃柞子豆腐，如今心有懷念，卻發現尋遍街頭都不得見了。

夏天的時候，除了柞子豆腐，街上肯定還有賣涼石花的。涼石花是一種以石花菜提煉物製成的涼粉。石花菜是一種紅藻，可提煉出瓊脂。嵊州不臨海，我們的涼石花都是以瓊脂粉沖泡出來的，記得父親的副食品鋪子在夏天時也曾售賣過新鮮製作的涼石花。一碗涼石花加上些冰塊，再以白糖和薄荷調味，一口落肚確實清爽冰涼，暑氣全消。

我母親說，她小時候還有一種植物做的豆腐類食物叫「觀音豆腐」，原料是馬鞭草科豆腐柴屬的豆腐柴葉子。由於豆腐柴葉子裡有大量果膠，將其汁液煮出後，加入草木灰即會凝固為類似豆腐的固體。這「豆腐」往往是食物短缺時期用來充飢的，因此人稱觀音豆腐，而豆腐柴也被人叫做觀音柴。不過我小時候從未吃過這觀音豆腐，九十年代的嵊州經濟發展迅速，哪會有食物短缺的情況呢？

沿著市心街再往北走，就快到我家老宅了，這一帶有形形色色的早餐店，售賣新鮮的豆腐漿、現蒸的饅頭和小籠包，以及鮮美的湯包。仔細探究嵊州方言，會發現其中多保留有古樸的詞匯。譬如這「饅頭」二字便是從古用到今，維持了其古意。無餡的，我們稱為「淡饅頭」，肉餡的自然是「肉饅頭」，小籠包則叫「小籠饅頭」，嵊州方言裡是沒有「包子」一詞的。最特別的是豆腐餡的，這麼多年在外求學工作，我尚未在別的地方吃到過豆腐餡的饅頭。

嵊州人說的「豆腐漿」就是豆漿，不過我們較少喝甜豆漿，豆漿或是原味，或是製成鹹豆漿泡油條吃，這與蘇浙滬一帶很多其他地方的習俗相近。小時候，有一次去深圳，姐姐帶著我和表哥去茶樓飲茶，表哥要了豆漿，發現是原味的，於是問服務員有沒有鹹豆漿，服務員一臉迷惑。各地文化差異之大可見一斑，同一種食物各地竟可有如此不同的吃法。

鹹豆漿一定要在豆漿滾熱時炮製，碗底放少許醋和生抽，再倒入熱騰騰的豆漿，稍事攪拌並靜置片刻便有了半豆花狀的鹹豆漿。有人愛在其中撒蔥花，而我小時候不愛吃蔥，一般不放。鹹豆漿常泡油條吃；嵊州小油條炸至深棕色，酥脆爽口，一咬即碎，不似上海大油條軟綿臃腫。這小油條單吃已非常美味，如若泡在豆漿裡則薄如豆腐皮，泡久了與豆漿融為一體，撈都撈不起來了。於是乎只好一口氣全喝下去，配著個淡饅頭，吃得全身都熱了起來，一日之晨便有了個火熱的開場白。

市心街的那家湯包店就在我家隔壁，據說這店在我出生前已開業，現在早已遠近聞名，連 Lonely Planet《浙江》分冊都收錄了這家小店。小時候我常在清晨聽到輕輕的帶有特定節奏的「篤篤」聲，後來才知道那時湯包店老闆在打皮子了。嵊州人所謂的湯包其實是皮極薄的小餛飩，肉餡極少，也不特別包製，只需用手一抓即成；煮熟後的湯包猶如浮萍般輕盈地飄在湯面上，與蘇州人的泡泡餛飩接近。薄皮小湯包的故事需單寫些文字來講述，這裡只能先打住了。

除了有固定店面的各類早餐店，市心街上還有不少流動的早餐攤，售賣粢飯糰、現烘的大餅和現炸的油條，還有專做雞籽大餅的。小時候早餐的選擇太過豐富，以至於在北京香港常因早餐單調無趣而感愁悶。

粢飯糰在蘇浙滬一帶都很常見。我小時候，粢飯糰是按分量售賣的，一般小孩吃上二兩就飽了，成年男子以五兩為宜，不過我也見過吃一斤的勇士。其實糯米吃多容易食滯，粢飯少量當早餐可以，吃多了唯恐身體不適。粢飯糰一般會以與肥豬肉同蒸過的筍乾菜為餡料，也可以榨菜和雪菜為餡，味道各有特色。至於肉鬆、油炸火腿腸之類的餡料在我小時候是沒有的，據說後來從外地吹來此風，嵊州的粢飯糰也洋涇浜[7]起來了。

上｜嵊州小油條酥脆噴香

下｜粢飯糰

嵊州的大餅也與其他地方的不同。我們說的大餅，是在平底鏊子上現烤的薄麵餅，圓圓一大張，可直接抹醬撕著吃，也可以包油條吃。賣大餅的小販會提前將一個個麵劑子切好，抹上油蓋上保濕布。顧客來了，就拿出個現成的麵劑子，沾上點蔥花後，抹點油，現場攤成一大張薄餅後直接上鏊子烘烤。烤到餅面蓬鬆，出現小氣泡，色澤也轉為淡黃色，兼有些細細的深棕色烤痕時，這大餅就烤好了。現烤的大餅抹上甜麵醬，再包上酥脆現炸的小油條，咬上一口酥香美味，若配上鹹豆漿，更是鮮美得不得了。

再說雞籽大餅，「雞籽」在嵊州方言裡是雞蛋之意，這裡的大餅又與前文說的不同，是一種油煎麵食。製作雞籽大餅需將麵劑子擀成寬約十五厘米、長約二十厘米的長方形，將麵餅放至平底鍋煎烤，期間可按客人偏好加入雞蛋若干個；標準做法是一張大餅一個雞蛋，但我每次都要求放四個雞蛋，這樣大餅煎好後會形成又厚又鬆軟的煎蛋層，那是整張餅中最美味的部分。往餅面上加雞蛋需一定技術，小販會直接將雞蛋打在餅面上，每放一個就用煎鏟劃散，放完雞蛋後加入適量蔥花增香，隨後用煎鏟將大餅迅速翻面，這一步要盡量做到蛋漿不散不外溢。待有蛋漿的一面也煎熟後，再翻過大餅，按客人需要塗上甜麵醬、辣椒糊後，以煎鏟從中間將大餅一折為二，雞籽大餅就做好了。小販用來包裹雞籽大餅的油紙又薄又小，剛煎好的大餅卻又厚又燙，我需要不停地換手持握才能確保不被燙到，不過新鮮煎好的雞籽大餅最香最美味，燙歸燙，我還是要奮勇地先吃上幾口才過癮。

上｜大餅包油條配上一碗鹹豆漿，吃得人全身熱烘烘的。

下｜雞籽大餅製作過程

路過我家所在的老台門後，再往前走上五十米，就到市心街的街尾了。站在街尾朝北望去，眼前是上百級台階，直通向鹿胎山麓上的嵊縣大會堂。我記得在台階下，曾有一家小店，專門賣油炸的紅糖麻糍和番酥，兼售紅糖燒餅。

紅糖麻糍形如草履，大約一成年男子手掌大小；用的是糯米麻糍，油炸後裹上紅糖食用。炸後的麻糍外酥裡軟，甜滋滋非常美味。番酥是嵊州的特色小吃，乃用麵粉混紅糖製成小麵糰，再下油鍋炸至金黃酥香。這個小吃在我小時候很常見，許多副食品店會售賣提前炸好的，也有不少現炸現賣的小店。番酥名為酥，自然外殼要炸得酥，裡面則是有細密孔洞結構的鬆軟狀態，是小朋友愛吃的糖油混合物。

紅糖燒餅，又稱馬頭酥，由白麵糰包裹紅糖麵糰製成，常見的是手掌大小的長麵餅形狀，也有圓形的。製作紅糖燒餅時，需要在白麵糰上從圓心出發往外劃上一圈刀口，如此這般處理方能使燒餅在烤好後出現一條條紅棕色如煙花綻放般的紋理。燒餅是用桶狀烤爐製作的，出爐前已可沿街聞到濃郁的紅糖氣味，未吃就知此物甜蜜酥香了。我從小對甜食興趣不大，不過一段時間不吃，又會嘴饞這些小甜點，如今再想重溫可沒那麼容易咯。

市心街不長，南北不過千米，慢慢走來也就十多分鐘路程，但一路上人流熙攘，充滿了市井的趣味。老街兩邊不同年代的建築物交錯坐落，經年累月，慢慢形成了小城獨有的風貌。一路走來，大小食肆飄香，吸引著小城居民前去光顧。剛

上｜番酥

下｜紅糖燒餅

出爐的饅頭蒸汽氤氳，剛下鍋的臭豆腐乾飄出陣陣似臭卻香的味道，靜靜躺在案板上的爛肚腸麻糍等著食客去享用。要說市心街上賣的吃食，再寫上幾千字也不能窮盡，諸如現烤的雞蛋卷、現彈的米胖[8]、麻糍胖和六穀胖，以及現烘的小蛋糕等，都是九十年代充滿回憶的味道。

這些味道交互混雜，永遠留存在了我的腦海中。如今，市心街被拆到只剩下百米左右的一小段，那些記憶中的店鋪也早已無跡可尋，一切都隨時光飄散。唯有閉上眼時，我還能聽到油氽果下鍋時清脆的爆裂聲響、店家打製湯包皮子的篤篤聲、小販穿街過巷時高亢的叫賣聲…… 一睜眼，千般味俱往矣。

註

1 本篇寫於 2014 年 5 月 9 日，於北京；修改於 2025 年 3 月 31 日 -4 月 1 日。

2 嵊州方言，即用上了勁的濕麵糰抹出春餅的動作，方言發音為 nga。

3 氽（tǔn）在嵊州方言裡為油炸之意。

4 當然湖南臭豆腐也有不加黑豆豉鹵製的淺色版本。

5 黃澤為嵊州下屬的一個鄉鎮。

6 柞子的嵊州方言發音似「擇子」。

7 洋涇浜為黃浦江的一條支流，西洋涇浜位於浦西，舊時此地租界林立，居住在這一代的人會說些不倫不類的英語，後來「洋涇浜」就成了不正宗、元素雜糅和不倫不類之意了。

8 「胖」為嵊州方言，為穀物或穀物製品經過壓力爐製成的膨化食品，例如六穀胖即爆米花。

徐家的副食品舖子

1

有那麼幾年，我家作坊的大鍋裡每天都不停地煮著糖，大鑊裡不停地氽著蘭花豆，真是好不熱鬧。
我在剡城無憂無慮的童年也是託了副食品舖子生意興隆的福。

我母親說，剛認識你父親時，他就是個做糖賣糖的小商販。

雖然父親那時候只是個擺攤賣糖的商販而已，但民國時，我爺爺在南大街有油米醬行，徐家也曾是剡城有名的經商家族之一。後來商號被公私合營，加之我爺爺去世後，遺產都被正房的大伯二伯繼承，作為最小的兒子，又是二房所生的我父親可就跟越劇《何文秀》裡唱的一樣「祖上家業全無份，自立成家闖前程」了。父親的製糖手藝是從食品廠的老師傅那裡學來的，在認識我母親前，他做的糖果已經遠近聞名，不僅生意好，還有專門從鄰縣上虞過來拜師學藝的。母親說，父親每天把新做好的薄荷糖、芝麻糖和花生糖裝進牛皮紙袋裡，然後踩著三輪車去市心街江濱路一帶擺攤售賣。他們結婚後，兩個人齊心協力，慢慢地將賣糖的生意做得越來越像樣，到我出生時，他們早已不需要打游擊戰了——我家在市心街有了固定的鋪位，這就是徐家副食品鋪子的來歷。

我出生時，雖然父親的主業還是做糖賣糖，但我們家的鋪子已不只賣自製糖果而已了，而是變成了兼營各類副食品的鋪子。鋪子裡售賣的東西琳琅滿目，每一時期側重點都有所不同，除了永遠不變的幾款自製糖果，其他商品都跟著市場流行變換著時尚。

鋪子裡的一些商品隨著時令輪替，春天我們賣紙鷂和青餃；夏天有香囊、粽子、新鮮西瓜和橘子水；秋天賣豆沙和椒鹽餡的蘇式月餅；到了冬天果脯堅果上市，糖漬金橘、柿餅是廣受歡迎的時令吃食，元宵臨近還要賣各色花燈。而諸如白砂糖、紅糖、葵花籽、乾荔枝、乾桂圓、糖水荔枝、糖水黃桃和糖水枇杷等沒有季節性的商品是永不斷貨的。除了這些，我們也售賣過竹掃帚、畚斗和筅帚，至於小蘇打、蜜蜂牌甜酒麴和泡年糕用的明礬等當年每家每戶都需要的日常用品也是店鋪常備的。

我小時候最愛跟父親去進貨，一開始批發部都集中在鹿山路一帶，後來搬去了靠近北直街北端的商業城，再後來則去了比西客站還遙遠的大轉盤，也就是後來新建的浙東農副產品批發市場。每次跟父親去進貨，我都會趁機買許多自己愛吃的零食，各類膨化食品和沒吃過的方便麵是我小學時最愛；後來為了集齊《水滸傳》的人物卡，我謊稱自己愛吃小浣熊乾脆麵，

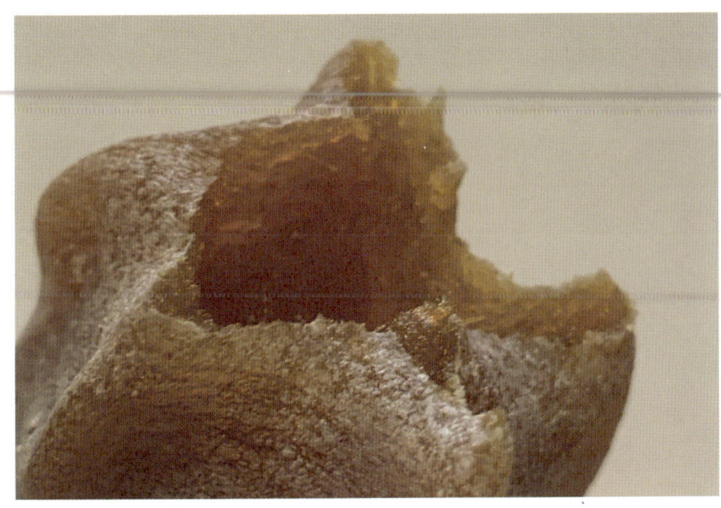

柿餅咬開後，裡面也是軟糯的。

結果拆了十箱八箱麵，也沒集齊人物卡！近水樓台先得月，很多新奇零食我都比同學們先吃，而糖果果脯堅果者更是早就吃厭，大概也是因為這個原因，我長大後非常不嗜甜，也很少主動吃零食。

徐家小舖子的位置也不是固定不變的，有段時間，父親把舖子搬到了更接近江濱路的地段，他在那裡租了個帶道地[2]和小院的兩層小樓，地舖前廳是店面，後面則是起居室，樓上有兩個可供居住的房間。不過，我印象裡那個店舖我們只租了一年多，父親很快又搬回了位於市心街與南大街交界處的老位置。這老位置在古城牆外，但離江濱路尚有一段距離。城牆內

上｜此圖根據我的回憶及舊照片繪製，正是從我家店舖往北望所能見到的場景。

下｜竹製生活用品在嵊州人的生活中依然有重要地位

的那一段市心街的兩邊都是較成規模的店舖和政府機關，如東風飯店、嵊縣糧食局、工商所、稅務所、嵊縣物資公司和人民理髮店等；出了城牆的這一段市心街，則以小店舖為主，售賣各類日用品和副食品。我家店舖隔壁是一個瘸腿老先生的鞋舖子；對面的店舖是張叔叔一家開的，專門售賣各類服飾配件，紐扣、拉鏈、針線、墊肩等五花八門地鋪滿一櫃枱，他家還有一台布紐扣製作機，客人選好布料和款式，可現場製作紐扣，立等可取；我家店舖轉東即是南大街，是我爺爺當年開油米醬行的地方；我家隔壁、位於南大街上的第一家店舖是對年紀非常大的老夫妻開的竹製品店，各類竹椅、竹扇、竹籮筐、竹掃帚、竹畚斗、竹筅帚一應俱全，老先生是個啞巴，老太太卻是個嘴上不饒人的狠角色，常與顧客吵架。

市心街是南北走向的，我家店舖位於街的東側，店舖西北方是煙糖公司第二商店，一樓售賣各種零食；第二商店斜對面，就是當年著名的東風飯店，據說當時請客吃飯去東風飯店是非常有面子的事；我家店舖的東北方是家很大的國營文具店，各種各樣的文具和學習用品一應俱全。有時候父親叫我幫忙看店，我就會趁他不注意偷藏點私房錢，去煙糖公司商店買大大泡泡糖、明珠牌魚片；夏天就去買各種各樣的棒冰[3]、冰磚等，這些都是我家店舖不賣的；除了吃食，我小時候愛畫畫，因此也是文具店的常客，我在文具公司買過無數美術本和各類鉛筆、彩色筆。

小時候覺得從老宅走到店舖需要挺久，後來回嵊州才意識到，站在城門前朝北望去，就能看到鹿胎山麓上由原來的大會堂改建的越劇藝術中心，那幾十上百級從市心街往上延伸的台階都看得一清二楚，眼神好的人甚至可以數清楚台階數。如此想來，兒時的距離感與成年後全然不同，尤其在大城市住慣了，這點距離簡直須臾可達。

說起我家的副食品舖子，自然要先說說各類自製的糖果，這是我家的明星產品。如前所述，我家製作三種糖果，分別是薄荷糖、麻片糖和花生糖；我們並不做常見的的糯米糖，也就是麥芽糖，因父親覺得麥芽糖甜膩無趣還黏牙，遠不及薄荷糖來得爽口好吃。

雖然父親從未教過我做糖的技法，但每日耳濡目染，我也知道個大概。做糖的關鍵在於煮糖，這是一個需要反覆練習才能掌握好的技術活，糖煮過頭就會形成巨量小泡，繼而膨脹溢出，變得焦黑發苦，這叫潽了；原料配比不對，糖水就會析出糖晶，只能整鍋丟棄，這叫翻掉了。看我家糖鍋外面那一層漆黑如炭、怎麼刷都刷不掉的糖漬就知道，父親當年也肯定失敗過很多次。

煮糖的步驟大致如下：先在高大的煮糖鍋中，放入白砂糖，再加入高出糖面兩指節的冷水，稍事攪拌後開火煮糖。生意好時，需要上午下午各做一次糖，有時候晚上還要加班加點做顧客訂購的糖。每鍋糖量都在十斤左右，因此必須用三芯大煤餅爐才能有足夠的火力。煮糖時需要靈活調節爐門，讓火力維持在適中的水平。待糖全煮化後，可加入適量檸檬酸，其作用是將糖分解為不易結晶的單糖，如果用量不對，糖析出晶體，這鍋糖就煮翻了。除了檸檬酸，還需要加入一種名為「秦糖」的糖漿，後來才知道這秦糖便是麥芽糖漿，主要作用是抗結晶以及降低糖的吸濕性。秦糖是從供銷社購買的，小時候我很喜歡坐著父親的三輪車跟他去購買秦糖，因為供銷社要過了新南橋才到，對兒時的我那簡直是一次「遠征」；而且供銷社的院子裡有個小小的假山池子，池子裡常有些螺螄，父親買秦糖時，我就在池子邊摳螺螄玩。

說回煮糖，糖需要中火慢煮，耗時頗長，大約在一小時左右，隨著溫度的升高，糖水從透明淡黃色逐漸變深，並翻滾起大水泡來，漸漸地糖水變得濃稠，水泡變小，糖液呈現出琥珀色澤。這時父親會拿一根筷子蘸些糖液，放到光滑乾淨的博刀[4]刀面上，如果冷卻後糖漿凝固易脫落，則說明這鍋糖已煮成，可以進入下一個環節了。即便老練如父母者，煮糖一時馬虎粗心，也有出錯的時候。且不說煮翻了或煮漕了的情況，在我出生沒多久時，父親曾被滾燙的糖液燙傷過手臂。因為一開始鍋沒放穩妥，眼看著大鍋將傾，父親想去將它扶正，沒想到剛一伸手，整鍋糖就傾泄下來。滾熱的糖漿像岩漿般裹住了他的右手，那種鑽心的疼痛光想像一下已令人打寒顫。雖然母親急忙用冷水幫他沖洗，但父親右手的大片皮膚全燙爛了，只能趕緊去醫院處理。父親的右手過了很長一段時間才完全康復，我小時候看到他右手上的疤，不解地問他是怎麼受傷的，他只是淡淡地說被糖燙的，細節不願再提，後來我問了母親才知道整件事的前因後果。父親總是如此，不願意提起過去，也從不打開心門，他的許多事就像右手上的疤痕，觸手可及，卻甚少人知曉來龍去脈。

若是做麻片糖和花生糖，糖液不可煮得太老，這兩種糖的後續步驟較為簡單，暫且不表，先說薄荷糖的製作方法。這邊煮著糖，那邊父親早就準備好了一大鋁盆的冷水。這冷水是用來冷卻糖液的，他會提前將黑鐵大鍋浮於水上，並在鍋內抹一層菜籽油，以防糖液黏底。待糖液煮好後，將其慢慢倒入鐵鍋中，任其自行冷卻緩慢凝結。剛煮好的糖液非常燙，父母親時刻叮囑我不要靠近大鐵鍋，更不能手癢亂戳。等待糖漿冷卻的過程需要十足的耐心，一般周圍以及鍋底接觸冷水的糖漿會先凝固，父親看準位置，用手一把抓起糖液已凝固的邊緣，然後用力一扯，整個半凝固的糖液就翻轉了過來，頂上的糖液流去了下面。如此操作幾次，糖漿已呈半凝固的膠狀，溫度也降到了五六十度，這時父親會用手在糖液中間戳個小洞，迅速倒入一瓶蓋量的薄荷腦。由於糖液尚未完全凝固，這個小洞很快就會「癒合」，薄荷腦也就進入了糖漿內部，並逐漸融化。薄荷腦是如粗鹽般的晶體，提取自薄荷的葉和莖；它的濃度極高，感冒時將薄荷腦放進熱水裡用來通鼻最有效，一吸就感覺涼氣直沖天靈蓋，鼻子迅速通了。

放完薄荷腦之後，就到了頗具表演性質的打糖環節了。說是「打」，其實是用兩根粗木棍深深地戳進膠狀的半凝固糖液裡，用力一提，迅速如捲麻花一般，將糖液拉伸纏繞結團，如此反覆許多次，直到糖漿的顏色從琥珀色逐漸變白發亮，而融化的薄荷腦亦均勻分佈至糖液各處，散發出清爽的薄荷香氣。

打糖的過程講究速度和力量，因為糖液還是綿軟的狀態，如果動作緩慢停頓太多，糖液就會垂落下來，並滑出木棍。父親打糖時，那糖液猶如一條長龍急速穿行在他雙手之間，行雲流水，一氣呵成。夏天炎熱，父親光著膀子打糖，肩胛和手臂上線條分明的肌肉隨著每一次的調度轉動高高隆起，全然不像個年近六十的人。隨著來回拉扯纏繞，糖液的色澤也逐漸發生變化，甚是好看，這一過程常吸引路人駐足圍觀。由於打糖需要極佳的體力和肌肉控制力，此事一概由男丁負責，父親自然是打糖主力軍，生意太忙時鄰居哥哥也來做臨時工幫忙，順便學了一門手藝。可惜彼時我還年幼，父母也無讓我繼承這門手藝的意願，因此我從未參與過製糖打糖。

待糖打得雪白發亮時，就可放到鋪著一層旱米粉的木板上進行最後一步工序了。打好的糖仍有四五十度，整體是柔軟易拉扯的狀態，母親會扯出一段糖，在木板上稍事揉搓，令其變成兩根手指粗細後就可用大剪刀剪糖了。隨著哢嚓哢嚓頗有節奏感的剪糖聲，一粒粒橄欖大小的薄荷糖就做好了。母親邊剪糖，店舖外等著買新鮮出爐薄荷糖的客人已排起了隊，間或有人插隊推搡，有時候還會引起爭吵，這是亂糟糟卻生機勃勃的九十年代常見的市井圖景。

做好的薄荷糖的兩側面可看到粗細均勻的糖絲紋理，剪刀截面則光滑如貝母；剛做好的薄荷糖還很糯軟，既可含著吃，也可嚼咬著吃；待裝好袋，完全冷卻後，薄荷糖就變硬變脆了，如果用力一咬，糖會碎成層層糖片，清涼甜蜜，又有濃郁的薄荷香氣，吃完一粒神清氣爽，鼻通氣順，忍不住又吃起了第二粒。那時候家中有冰箱的人家不多，夏天天氣熱，我們會提醒客人回家盡快吃完，不然太陽一曬，糖就融化了，即便有吸水防潮的米粉保護，薄荷糖也撐不過兩個炎熱的夏日永晝；冬天寒冷，小城又無暖氣，因此薄荷糖可放上一兩個禮拜。

麻片糖和花生糖則要省力多了，所謂麻片糖就是芝麻糖，一般我家是黑白芝麻混用，當然顧客也可根據自己的喜好來訂製白麻片糖或黑麻片糖。製作這兩種糖，只需將糖漿與炒熟的黑白芝麻或花生均勻混合，待糖漿稍冷卻後將其倒在木板上塑為高約四厘米的長方體，隨後用大博刀將其切成六厘米寬的長條，之後再改刀成片即可。花生糖要切得稍厚些，大約一厘米左右為宜，切得太薄的話，香氣不足且花生碎會掉落出來；麻片糖則要越薄越好，大約在二至三毫米為宜，這樣待其冷卻後就會又香又脆。

雖說麻片糖和花生糖的製作不及薄荷糖的複雜，但我家的黑白芝麻和花生都是自家炒製，因此打糖的步驟雖不需要了，但炒花生和炒芝麻的步驟也較費時費力。花生炒完後還需去衣壓碎，一般母親會把炒好的花生放進大布袋裡，外套一層塑料袋，用力對其踩壓打揉，令花生變成碎粒，而在這個過程中花生衣盡數褪去；之後用竹篾篩子篩走花生衣即可。黑白芝麻的炒製尤以黑芝麻為難，因為白芝麻由白轉黃，香氣撲鼻時便可熄火，黑芝麻則觀察不到顏色變化，唯有聞香觀態，待芝麻粒在鍋中蹦跳不安，而香氣越發濃郁時就可熄火了。

製作好的糖果要攤放在木板上冷卻，此時如有顧客購買，則隨來隨包。糖果冷卻後，我們會按十粒一包、半斤和一斤三種規格裝袋，在我小時候這三種規格的糖分別是一元、兩塊五以及五塊錢一包，價格非常實惠。早期我們用紙袋包裝糖果，我有印象時已改用透明的長方形塑料袋了，那袋口是用蠟燭熱封的；再後來就換成了有密封條的透明保鮮袋了。

這些糖果從我有印象起就十分暢銷，直到九十年代末，即便各類包裝精美的外來糖果充斥市場，老城居民仍愛來我家買糖吃。有些顧客搬去了杭州、上海居住，甚至旅居國外，每年回鄉時仍不忘買些我家的糖帶走。一到年關將至的時候，更有許多人來大量訂製糖果，因此有時需要連夜製作，待糖果冷卻裝袋後已近午夜。父母親常在客人提貨的前一天晚上開工，為的是讓客人次日可以拿到新鮮製好的糖果。在那個年代，產品質量才是贏得市場青睞的關鍵，我們這樣的小店靠的只是口口相傳建立起來的口碑，哪有什麼廣告營銷可言？

我小學時，隔三差五就能在課間休息時看見同學拿著我家舖子的袋子到處分糖吃，分到我這邊時，我不由得紅了臉，只說自己不愛吃糖，其實是覺得難為情，總覺得父親做糖賣糖一點都拿不出手，哪有做醫生公務員老師的父母來得光榮。如今只覺得這種想法幼稚可笑，心裡也不禁對父母有些愧疚。他們靠自己的才能和努力為全家創造了小康的生活，作為子女卻不為他們感到自豪，甚至覺得手工藝小商人不夠氣派，真是淺薄至極。

如今街面上賣的蘭花豆只開一字刀，而我們家當年的蘭花豆都是開十字刀的。

在我家生意最興旺的時候，父親還率先重新在老城裡賣起了每日現做的蘭花豆。當年東風飯店的蘭花豆曾非常出名，東風飯店衰落後這一味小食一度無處尋覓了。所謂蘭花豆就是油炸的開口羅漢豆，羅漢豆即蠶豆；由於蠶豆切了十字刀，炸後豆殼與豆瓣都打開了，形似花朵，因此就取了蘭花豆這一雅稱。製作蘭花豆時，蠶豆要在水裡泡上一天一夜，待其充分吸水後才能炸透炸酥炸香。浸泡後的蠶豆發出幽幽的臭氣，我聞到就跑；但炸好的蘭花豆卻那麼香酥可口，那時我就想為何一油炸原本臭烘烘的蠶豆就變成香噴噴的蘭花豆了呢？想必對烹飪的好奇在那時已埋下了種子。

生意忙碌時，姐姐也得幫著一起切蘭花豆，後來人手不足，我們還僱了幾個幫工一起製作蘭花豆。市面上的蘭花豆只切簡單的一字刀，而我家的則粒粒都切十字刀，切豆的刀片朝上固定在桌子上，將泡過水的蠶豆向下一切，再轉對角一切，十字刀就切好了；這可是個技術活，切豆講究速度，每日要炸的豆子成千上萬，速度慢了根本處理不完，但刀片鋒利，速度一快就容易割手，幾乎每個人都負過工傷，姐姐的手指也割破過好幾次。顧客只知蘭花豆美味，殊不知多少手藝人為了鬆脆美味的蘭花豆付出了許多血與汗。

上世紀八十年代一直到九十年代末，剡城的小商品經濟蓬勃發展，那是我家鋪子生意最旺的時期。有那麼幾年，我家作坊的大鍋裡每天都不停地煮著糖，大鑊裡不停地汆著蘭花豆，真是好不熱鬧。我在剡城無憂無慮的童年也是託了副食品鋪子生意興隆的福。八十年代中的時候，父親已靠著做糖讓全家過上了小康日子，我家是老台門裡第一戶買電視的人家。母親說，1985 年八三版《射雕英雄傳》在內地播出時，一到時間，台門裡的左鄰右舍都跑來我家看電視。九十年代的嵊州，一切都顯得欣欣向榮，不僅家裡的生活有盼頭，社會上也是每天都有新發展新氣象，如今回想起來，那真是充滿希望的年月。

我小時候以為，一切都會如此這般興旺下去，後來才知道世事無常。當年的我，如何能想到一切都會在時代的大潮中被沖刷，踩對節奏的人激流勇進，錯失機會的則被淹沒在歷史的長河中。而一些個人無法掌控的變化也將我們原本的生活節奏打得七零八落，1999 年，市政府心血來潮要建造所謂城市廣場，將市心街、南大街、西前街商業最興盛的幾個區域全部拆除，從此我家的副食品舖子也與消失的市心街一樣被掃進了歷史的塵埃中。

記得我家生意最旺時，城裡還出現過兩三家模仿我們糖果的店舖，可惜他們做的糖果太過一般，根本無法分流我們的客戶。隨著老街的拆除，父親的糖果做得也少了，有趣的是市面上的模仿者也不見了；到如今手工製作的點心零食越來越少，大家逢年過節都只能買現成的機器製糖果了。市心街剛拆的那幾年，還有些老主顧打電話來要訂薄荷糖、麻片糖和花生糖，我們就在家裡幫他們製作。再後來，我們搬了家換了電話，老主顧也就聯繫不上了，而父親也開始轉去做白鯗開洋[5]等海味生意。隨著父親歲數越來越大，打糖這種重體力工作也越發力不從心，漸漸地，打糖成為了舊日的回憶。

母親常說，父親未能在生意鼎盛時從零售商轉型為批發商，也未能把握投資良機，最終只得在世事浮沉中艱難求生，將主動權拱手相讓。但我始終認為，一代人有一代人的際遇，這世間又有幾人能真正洞見未來？至少在我的童年記憶中，我們全家曾共享過無數溫馨歡愉的時光。如今時過境遷，又何必苛責前人未能留下更多蔭庇？

我想，人在經歷一段歲月的時候，往往是不自知的。當時間沉澱，記憶歸檔，那往昔歲月裡最珍貴最耀眼的生命瑰寶才顯出別一樣的光彩來，讓當下的自己不禁赧然失笑，才明白當初的自己是多麼淺薄而不知珍惜。但誰又是全知全能的智者，而誰又能逃脫當時的心境和環境的影響而孑然獨立呢？

註

1　本篇寫作於 2025 年 3 月 24 日 - 31 日。
2　道地為嵊州方言，意為台門院子中青石所鋪之平地，類似天井，常為日常活動、洗漱之所。
3　即北方說的冰棍，嶺南說的雪條。
4　嵊州話的「博刀」指寬刀面的短柄中式菜刀。
5　曬乾的海蝦仁稱為開洋，其自帶海水鹹味；曬乾的小蝦米則為蝦皮。

一碗年糕幾段思念

1、2

離開家鄉之前，我自認對炒年糕沒多少感情，

但離家一段時間後，

發現心中時常思念這一碗嵊州的尋常吃食。

直到離了根，到處漂泊，才發現自己的心屬於什麼地方。

記憶中總有那麼幾個悠閒的夏日午後，我坐在老宅巷子口的法國梧桐樹[3]下乘涼，手裡捧著本書，漫不經心地翻著。身邊這棵與我一般年齡的梧桐樹上，知了正使勁地叫著，遠近的店舖都罩著簾子，慵懶得不願招呼客人。院子裡比我小幾歲的孩子們拿著水槍，激烈地打著巷戰。突然，從凝滯的空氣裡傳來一聲高亢的叫賣聲：「熱麻糍糰⋯⋯」這叫賣聲衝破暑氣，飛翔在老街的空氣中。隨著這叫賣聲由遠而近地傳來，我再也看不進書了，於是索性放下書冊，伸著脖子等待小販騎著自行車到來。這是我私人的童年記憶之一，本科時某年寒假回去，發現還有騎著車到處叫賣熱麻糍糰的小販，於是攔下，買了塊麻糍糰裹著紅糖便吃了起來。那一刻，彷彿一切童年因吃到美味食物而產生的奇妙感覺又一次如觸電般竄遍了全身。

這裡所說的「熱麻糍糰」其實就是熱年糕，年糕切成小段後上鍋蒸製即可恢復剛打製好時的糯軟。嵊州方言裡沒有「年糕」一詞，「麻糍」就是年糕。浙江大部分地區都食用年糕，相信每個地區都有自己特別的年糕製作方法。雖然寧波年糕名聲在外，但對生於斯長於斯的嵊州人而言，嵊州年糕才是最好的，最能勾人思念。或許是我從小吃慣了家鄉頗有嚼勁的城磚年糕，第一次吃到寧波年糕時竟特別詫異——實在太過糯軟而失去了年糕該有的勁道。這麼多年來，無論外來事物如何衝擊這一小城，人們對於自家年糕的熱愛卻絲毫未減。

每年年末，農村裡的麻糍作坊便忙碌了起來，不僅要為村裡的家家戶戶製作新年麻糍，還要照顧到城裡的親朋好友們。城裡人自然沒有製作年糕的條件，因此我家的年糕多是農村親戚做好贈送的。年糕的保存也獨有妙法，先前時候家家戶戶都有大缸，冬日裡取潔淨冬水裝滿，再放入適量明礬，將一塊塊年糕沉入其中，封上口即可保存很久。泡麻糍必要用冬水，立春之後的暖水會導致麻糍發黏發臭。不過即便是冬水浸泡，泡久了的麻糍還是會有微微臭氣，食用前用清水沖洗、瀝乾就不會有難聞的氣味了。

有一年，我跟著姐姐一起到她朋友老家觀看傳統手工麻糍的製作。熱米糰在大搗臼裡被粗重的木椿子搗製的畫面給我留下了深刻的印象。年糕作坊設在村子祠堂的堂前，巨大的爐子上放著大蒸鍋，淘泡過的晚粳米正在蒸製中。而蒸好的粳米則在搗臼裡被捶打成糯軟卻依然勁道的粿糰。那木樁十分粗大，

泡年糕的大缸，外婆說以前做醬也用這樣的大缸。

並不是以臂力操作，而是用一古拙的裝置，連接著兩個踏板，由一個壯實的成年男子如踏車一般操縱。每一搗下去後，就有人在一旁翻動粿糰，兩人的配合天衣無縫，但我依舊看得心驚肉跳。

翻動粿糰的人看我入了迷，於是揪了一團熱麻糍給我，讓我嘗嘗鮮。他告訴我去一旁的桌子上蘸點紅糖趁熱吃，我照辦了。仍然有點燙手的麻糍把附著在它上面的紅糖漸漸融化，黃色的糖粉逐漸轉成醬色的甜汁滲入年糕中，一口咬下甜、糯、軟、勁各種味道和口感混合在一起，簡直讓人終身難忘。現在想來，我可能是在那一刻愛上「熱麻糍糰」的，以至於每一次在街上遇到賣熱麻糍糰的小販我都會攔下他，即使肚子並不

1 | 軟糯可口的熱麻糍

2 | 年糕製作過程，先磨米。

3 | 年糕製作過程，蒸製。

4 | 剛打製好的年糕

餓，也要買一塊熱麻糍來夾著紅糖趁熱吃。

當然，很少有機會可以吃到剛剛打製好的年糕，甚至賣「熱麻糍糰」的小販也不是經常能碰到的。不過只要家裡有年糕就能吃到「熱麻糍」：把年糕切成小塊，放熱鍋上蒸製十多分鐘就可以使其恢復熱乎糯軟的狀態了，無論是蘸紅糖、糖桂花亦或裹醃蘿蔔片，都非常美味。

母親是烹飪年糕的好手，除了這簡單的蒸年糕外，她最擅長炒麻糍。說起這嵊縣炒麻糍，我們誰都沒有探究過它的來歷或典故。但幾乎所有嵊州人都愛吃炒麻糍，而且一定要用嵊州年糕，配上時令的「和[4]頭」（即配菜）。某年放假回家，朋友帶我去一家據說當時特別熱門的炒年糕店，吃完後我卻大失所望，這年糕燉煮得嚼勁全無，醬油用得太多，全吃進了年糕裡，和頭更是少得可憐，只見蛋絲和零星筍絲，與母親做的完全沒有可比之處。

在我們家，母親如果第二天要做炒年糕，一定會在前一晚宣佈，似乎這是一件美食盛事似的。雖然炒年糕並不是什麼名貴食物，但準備起來確實頗費心力。配菜一定要全而且時令，最常見的是醃雪裡蕻、筍絲、大蒜葉、嫩豆腐等等。母親則一定會加上豬肉絲、雞蛋絲、蘑菇片以及胡蘿蔔絲。做雞蛋絲是母親的拿手戲，普通鐵鍋抹上一層薄油，雞蛋和入少許鹽，打散，鋪灑在燒熱的鍋中，旋轉鐵鍋讓蛋液均勻地鋪成薄餅，翻面待兩面蛋液都凝固後，蛋餅就做好了；將蛋餅切成細絲，蛋絲就成了。筍的選擇則和時節有關，春筍、雷筍、冬筍等都可

上｜糖桂花麻糍

下｜我在家自製的嵊州炒年糕

以，但一定要嫩，否則吃起來硌牙。母親喜歡吃大蒜葉，小時候的我卻不愛，雖然大蒜葉可以增添炒年糕的香味，但吃完後口氣太重，於是我經常將大蒜葉挑揀出來給母親。

除了配菜，炒年糕的火候也十分重要。嵊州的炒麻糍雖名為炒，其實是先炒後煮。第一步自然是炒製，待年糕漸軟後加生抽調味；再入配菜翻炒均勻；最後，加少許水燜煮一會兒，待湯汁收攏、年糕入味，即可出鍋。如果炒得不夠，年糕就會偏硬，炒過了卻又爛了，失了口感。飯店裡通常大量炒製，因此時常過軟，家中則可以做得恰到好處。

離開家鄉之前，我自認對炒年糕沒多少感情，但離家一段時間後，發現心中時常思念這一碗嵊州的尋常吃食。假期回家便迫不及待地要求母親給我做炒年糕，每次都把湯汁都喝得乾乾淨淨，就連小時候厭惡的大蒜葉也變得美味起來。家鄉的味道彷彿是暗藏在基因中的秘密，因為與生俱來，所以從未發覺。直到離了根，到處漂泊，才發現自己的心屬於什麼地方。

年糕的妙處在於它的百搭，除了蒸炒，還可以煎烤，也可以下火鍋、做「腐拉羹」（雞汁羹）。我猜測，腐拉羹的名字可能是在形容番薯粉勾芡後濃稠的湯羹狀態；還有人說，腐拉羹可能是胡辣羹傳入嵊州後本土化而來，對此我持懷疑態度。麻糍也可切片和毛蟹一起炒著吃，尤其是六月黃，雖有黃卻不夠肥美，做年糕炒蟹最合適。若是回到外婆家，還可以把麻糍切片焐在灶膛熱灰中，一餐飯做完，年糕也焐熟了。滾燙的草木灰令年糕表面微焦，金黃酥脆，內裡卻雪白軟糯拉絲，十分

腐拉羹中年糕也是重要配角

香甜。

高中時，母親貪睡，我的早餐都由父親負責，多數時候他都去街上買新鮮出籠的大肉饅頭、小籠豆腐饅頭或大餅油條等；有時他也會為我親自下廚。有次父親給我買了烤麻糍做早飯，他看我吃得開心，因此第二天便親自做了給我吃。父親做的烤麻糍有別樣的味道，醬油沒那麼重，多放了一個雞蛋，多了一份心。這烤麻糍雖取名「烤」字，但實際上是煎出來的，嵊州話的「烤」一般都指油煎，煙燻火燎的烤則稱為「燒烤」。

烤麻糍製作簡單，熱油鍋，薄年糕片，煎得兩面金黃，調味、鋪蛋、加水、收汁、撒蔥花，即成。那段時間父親每天都給我做烤年糕，終於有一天我吃厭了，於是對父親說別再做了，都快吃吐了。我和父親之間從來沒有真正的交流，現在想來這樣的言辭想必是很傷人的，畢竟父親以為我愛吃才一直給我做烤年糕。我們父子之間有很多話都沒來得及說，有很多心結也都沒來得及解開，現在也只能寄託在這些若有若無的回憶中了。

雖然我很快便吃厭了烤麻糍，但我高中時，班上有兩個女生卻迷上了這一口兒。因為我家附近的老街是早餐店林立的，所以她們囑咐我每天早晨帶烤麻糍給她們做早飯。這烤麻糍早飯她倆吃了近一個學期，實在讓我佩服。

嵊州人還有一個有趣的習俗，正月十四要喝「亮眼湯」，喝了這湯新年眼神才會好。可惜我常常在喝「亮眼湯」之前就要回北京，好多年沒有喝到，心裡不禁迷信起來，懷疑這幾年視力下降和這個有大關係。這「亮眼湯」說白了就是青菜煮麻糍，只放點鹽便十分美味。有次回家，突發奇想扛了幾段年糕回北京，終於自己親手在正月十四做了一回「亮眼湯」……

剛來北京那兩三年，我從未想過家，甚至假期也留在新東方[5]兼職教課，每年回家的日子屈指可數。這幾年卻越來越想家，每次回家都恨不得列一串要吃的食物清單，一樣樣地去鄭重回味，麻糍是其中永不過時的選項。這幾年，我會不辭辛勞地把一些家鄉食材帶回北京，自己在異鄉複製家鄉味道，雖然味道如此相近，但思念卻那麼遙遠。

上｜烤麻糍

下｜我當年在北京自製的「亮眼湯」

註

1 嵊州方言中無年糕一詞，年糕稱為麻糍，但麻糍也可指一些年糕狀的純糯米製作的糕點。本篇中，年糕和麻糍混用。
2 本篇寫於 2013 年 2 月 20 日，於北京；修改於 2025 年 4 月 12 日，於香港。
3 嵊州老街上所種的法國梧桐其實嚴格而言是英國梧桐，學名為二球懸鈴木，因由法國人最早引入上海法租界而流行起來。嚴格而言，中文語境裡的法國梧桐既與梧桐無親屬關係，也不源於法國。
4 不確定此字正字怎麼寫，嵊州方言裡發音為 hoh（入聲）。
5 新東方學校，簡稱新東方，是中國規模最大的教育培訓機構，其創始人為俞敏洪，早期以英語培訓為主。

柔心暖胃陋巷裡

1

南國雖冬暖，但最近天氣也涼了下來，於是就更思念豆腐饅頭和湯包這兩味柔心暖胃的家鄉吃食來。

這是一個變化很快的時代，

許多我小時候的事物竟已逐漸步入當代史的塵埃中去。

某天穿過金魚街發現新開了家嵊州小吃，於是我駐足店門前，操鄉音詢問是否有小籠豆腐饅頭賣。店家大姐倒確乎是嵊州人，雖聽口音不是城關的，但在嶺南遇同鄉已屬難得。她遺憾地說豆腐饅頭怕香港人不好接受，影響銷量；而且此物冷凍之後味道變差，冷藏又極易變質，因此沒有準備。寒暄幾句後，失望離去，至今都未去品嘗他們家的其他小吃。

看官不知，這豆腐饅頭實在是家鄉小吃裡常讓我思念的一款，其他諸如麻糍、小籠肉饅頭、榨麵等都可找到近似的替代品，唯有這豆腐饅頭至今難尋。

嵊州方言裡並無「包子」一詞，即便說起小籠包，亦多稱之小籠饅頭。「包子」這一晚近才進入漢語體系的詞匯並沒有在嵊州方言裡生根。有餡兒的以餡料稱之，譬如肉饅頭、豆腐饅頭及菜饅頭等；無餡料的則叫淡饅頭。你若說我要吃饅頭，嵊州人便會問你要吃什麼餡的饅頭。

學界對於「饅頭」一詞的起源多有爭論，大學時上《中國飲食文化》課，老師說饅頭由諸葛亮發明，其南渡瀘水征討孟獲，以白麵裹肉蒸製來代替人頭祭祀河神，稱之為「蠻頭」，即蠻人頭之意。這個故事廣為流傳，但實際上可信度極低，現在引用的出處多為《誠齋雜記》這樣的元代小說集，離三國時期早過了千年有餘。

不過蒸製麵食在漢朝時便已產生，在很長一段時間內這些麵食統稱為「餅」。西晉束皙（？-300）作有《餅賦》，其中提到「于時享宴，則曼頭宜設」，說明「曼頭」這個詞已經出現。不過「饅」字尚未出現，東漢許慎（約 30- 約 124）的《說文解字》中並無「饅」字，可見這個字較晚產生。

《水滸傳》中武大郎賣的「炊餅」便是「蒸餅」，因避宋仁宗趙禎（1010-1063）諱而改為「炊餅」。但是否炊餅就是有餡料的饅頭則難下結論，因為同樣是在百二十回的《水滸傳》中，第二十七回《母夜叉孟州道賣人肉　武都頭十字坡遇張青》多次出現「饅頭」一詞：「……兩個公人拿起來便吃。武松取一個拍開看了，叫道：『酒家，這饅頭是人肉的？是狗肉的？』那婦人嘻嘻笑道：『客官休要取笑。清平世界，蕩蕩乾坤，那裡有人肉的饅頭，狗肉的滋味？我家饅頭，積祖是黃牛的……』」

從這段情節可以斷定，明代的饅頭是有餡兒的，在現代意

大蒸籠裡是各種餡的大饅頭

義的「包子」一詞普及前，饅頭的意思與包子接近。另外若炊餅就是饅頭，施耐庵何苦混著使用這兩個概念呢？

在明朝人的概念裡，炊餅應該不是發麵製作的。羅貫中《三遂平妖傳》第九回《左瘸師買餅誘任遷　任吳張怒趕左瘸師》寫道：「瘸師接那炊餅在手裡，看一看，撚一撚，看著任遷道：『哥哥！我娘八十歲，如何吃得炊餅？換個饅頭與我。』」再次可見炊餅和饅頭並非一物；若按照如今的饅頭標準而言，蓬鬆的饅頭如何八十歲老娘便吃不得？

當然羅貫中和施耐庵都是明朝人，寫的是宋朝事，一些烹飪概念或已發生變化，難以考證。再者施耐庵雖籍貫難考，但大體逃不出蘇浙，他寫作時的用詞也可能受到方言的影響。吳語中至今只有「饅頭」，而沒有「包子」一詞。

不過「包子」在宋朝已經出現，尚未能與饅頭分庭抗禮。比如北宋朱彧（?-?）的《萍州可談》卷一記載「宮闈每有慶事，賜大臣包子銀絹，各數千匹兩」，這裡的「包子」顯然和食物無關，而是包裹銀錢的袋狀物，這在電視劇《清平樂》中亦有復原。不過北宋孟元老（?-?）的《東京夢華錄》卷二《飲食果子》條記載「更外賣軟羊諸色包子」，說明在同一時期包子已經具有含餡料的饅頭的意思了。

至於之後兩個名稱互相混用，直至在官話區逐漸區分含義、各司其職，這已是明清的事情了。而且在廣大的吳語區，包子一詞始終沒有進入主流日常詞匯中，饅頭仍然可以用來指代無餡和有餡兩種形式。有些歷史知識打底，到了包郵區[2]就不會覺得有餡無餡都叫饅頭有什麼奇怪的了。

各色饅頭是嵊州人早餐攤上獨特的風景線，不僅有白麵淡饅頭，還有發麵的大肉饅頭、死麵的小籠肉饅頭，還有豆沙餡的甜饅頭，而最具特色的無疑是小籠豆腐饅頭了。

最有名的小籠豆腐饅頭在嵊州的黃澤鎮，因此說起豆腐饅頭的時候常稱為黃澤豆腐饅頭。不過自我有記憶起，市區已有售賣小籠豆腐饅頭的店舖了。小時候隨家人去黃澤探親訪友時，總要用搪瓷罐去裝，買些豆腐饅頭吃。裝在搪瓷罐裡的豆腐饅頭很容易變形；加之是死麵，冷卻了之後麵皮發硬，遠不及在店中趁熱食用來得美味。與市區不同的是，黃澤鎮的豆腐

我自製的發麵小籠肉饅頭

饅頭有辣與不辣兩個版本，而市區的則都是不辣，若嗜辣，需要單獨蘸辣椒糊食用。前年正月還和好友駕車去黃澤找豆腐饅頭吃，結果店舖全數關閉，吃了個閉門羹，只能去逛了逛寺廟悻悻而回。

在嵊州，發麵饅頭多是大個頭的，以肉餡為主流，也有豆腐混合肉餡的。大饅頭蒸完後肉汁浸潤麵皮，透出淡淡棕色，十分美味。而小籠饅頭現在的主流是死麵，雖我小時候發麵小籠饅頭頗為常見，但受歡迎程度遠不及緊粉死麵的。在北方地區經營的店家為適應當地偏好，多數還是製作發麵饅頭。我以前在北京吃過幾次，雖則店主鄉音可證，但這饅頭確乎是不正宗了。

嵊州小籠饅頭遍佈全國，多以「杭州小籠包」名義經營，一般只要看到這杭州小籠包的招牌，十有八九是嵊州人開的。外出開小籠饅頭店最多的是禹溪人，我姐姐有個中學玩到大的閨蜜就是該地人，她父母當年就在北京開小籠饅頭店。「禹溪」原名「了溪」，相傳大禹治水畢其功於了溪，為紀念大禹，改名成了禹溪；至今禹溪村還存有禹王廟古蹟。

製作豆腐饅頭時，皮子要擀得極薄可透光。餡料則以中等嫩度的豆腐為主，輔以少許豬肉沫；豬肉沫有直接拌入豆腐者，也有包的時候分別放入的。豆腐的調味各家都有自己的方子，因此味道上家家不同；如今也有用內酯豆腐的店舖，但軟嫩有餘，口感不足。最難的步驟在於包，我於香港家中也多次實踐過自製豆腐饅頭，一直難以達到理想狀態。一則皮要極薄，二則豆腐水分極多，包的時候猶如掬水在手，餡料會滑動；速度太慢的話，皮子浸水會變得軟爛，稍一用力就容易破裂。要包出美觀勻稱的豆腐饅頭，必要經過一定時間的練習。

由於皮薄餡料又以豆腐為主，因此上汽後蒸製十分鐘便可出屜。日常的吃法自然是蘸陳醋與辣椒糊的混合味碟，先咬個口小心翼翼吸出湯汁，待稍涼些再整個入口，順滑鮮美的豆腐餡料和略有嚼勁卻又吹彈可破的饅頭皮混合在一起實在美味。小時候我只愛吃餡兒不愛吃麵皮，常拿個小碗把餡兒都給抖落出來，再點些陳醋和辣椒糊拌勻了用勺子吃。現在卻覺得還是原個入口最美味，人的口味確實是動態變化的。

九十年代商品經濟大潮襲來，小城年輕人的夜生活也逐漸

1 | 小籠豆腐饅頭的包製準備

2 | 包製豆腐饅頭的過程

3 | 蒸製後的成品

4 | 嵊州辣椒糊配陳醋是吃饅頭的必要佐料

豐富起來。小籠饅頭這類以前多在早餐時間售賣的食物逐漸開始進入夜宵市場，不過單純地蒸製食用似乎略顯單調，於是烤豆腐饅頭成為了夜宵市場的主流。嵊州最早的夜宵市場是在江濱路上，江濱路沿著剡溪呈東西走向，因此得名。我小時候最早的夜宵記憶就是來自這條街。後來，市區面積擴大，北郊也逐漸發展起來，越秀路成為了新的夜宵聚點。

中學時，姐姐回嵊州期間常會給我帶夜宵，烤豆腐饅頭是最常吃的。後來高中離越秀路極近，偶爾晚自習下課便會和同學一起去吃烤豆腐饅頭，一晃已經十五年過去了。如今回嵊州還會和朋友去越秀路吃夜宵，而諸如老馬、胖大姐等夜宵店也都十幾年如一日依舊生意興旺，此地也算是我們的懷舊處了。

嵊州的烤饅頭，基本原理可參考上海的生煎饅頭，不過嵊州沒有生煎，類似的小吃有烤餃，烤饅頭只是包法和餡料不同而已。店家有特製的烤饅頭器皿，圓圓小烤盤正好放上六個饅頭。這些饅頭與蒸製的一樣，都是現點現做，烤盤燒熱上油，將饅頭碼入，待底部發酥微焦後翻面，然後倒入雞蛋，雞蛋成形撒上蔥花即可出爐。烤豆腐饅頭底部已經酥脆，饅身卻還軟嫩，一入口雖大呼燙嘴，但鮮味迸發讓人欲罷不能，與蒸製的豆腐饅頭是截然不同的風情。

說了這麼些豆腐饅頭的事，倒不是說小籠肉饅頭不好吃，只是肉餡的小籠包全國很多地方皆有，各具特色，嵊州的倒也無甚特別。不過以外出經營小籠包店的人口而言，嵊州或許是全國第一的，本地甚至還成立了小籠包協會，可見小籠包對於

烤（煎）豆腐饅頭

嵊州人的重要性。

說到饅頭又想起件往事，當年我家舖子斜對面的店舖被一對外地夫婦租去，他們售賣的是五顏六色的彩色肉包子。這包子皮的顏色全來自於菜蔬汁，而非食用色素，他們做的包子雖與嵊州饅頭味道不同，但也皮暄餡足，十分美味。那時候我常去他們家買包子做早餐，一來二去，我父母也與他倆熟絡起來。初初開張，他們的彩色包子吸引了不少小鎮居民的注意，生意一度好到大排長龍，可新鮮勁兒過去後，大家又重新吃回了自己熟悉的嵊州饅頭，他們家的生意也就一落千丈了。有一年年關，那兩夫妻前來與我們告別，說今年過年打算多休息幾天。誰知年後，他們店舖的捲簾門上貼的啟市告示中宣佈的日期早過，也未見店舖重開。後來才得知，由於生意虧損交不出房租，他倆索性趁年關跑路回鄉，房東則吃了個啞巴虧。這彩色包子的小插曲，成了我童年記憶裡鮮明的一道痕。

我母親亦包得一手好饅頭，無論是大的發麵饅頭，還是緊粉死麵的小籠饅頭都信手拈來。因此有時興致來了，我們便在家裡大搞饅頭宴，毋須出門購買；如今定居他鄉，懷念家鄉味的時候就靠母親包的小籠肉饅頭解鄉愁。可惜豆腐饅頭水分大，不適合冷凍保存；先前從家鄉帶來香港的肉饅頭也都吃完了，此地疫情久久難以控制，通關不知何時，唯有在文字上想念下這口家鄉味道了。

豆腐饅頭之外，還有一款小吃在香港也難尋替代品，便是嵊州人所謂的「湯包」。這湯包並不是蘇滬人所謂的灌湯包，而是一種皮極薄的小餛飩。它煮好後看似福建的肉燕，但皮子是純麵粉做的；大概與蘇州的泡泡餛飩最為接近。究竟它是嵊州人原創的，還是許多年前從他鄉傳入已不可考，總之湯包對於我們這幾代老城區人而言是難以抹去的回憶。

嵊州至今仍保留有一部分完整的明城牆，早年的時候城牆內外有別，出了城牆便算郊區了。我從小在城牆內長大，市中心的市心街當年尚未被拆毀，文化廣場亦還不存在，這一千多米的老街上各色飲食店散落其中。

全嵊州最有名的湯包店也在市心街上，它無名無姓，連塊招牌都沒有，但老城裡人都知道吃湯包一定要去這家店。三十多年過去，如今這小館子還矗立在這條落寞的老街上，前兩年發現他們取了個名字叫市心街湯包店，也是很不走心了。回家鄉還是會和朋友去吃湯包，皮子依舊是薄如蟬翼，入口綿軟順滑，若有若無的那一點肉餡勾出鮮味來，仍然是記憶中的味道。

我們家的老宅就在這湯包店隔壁的清末老台門裡，小時候常是聽著湯包店擀皮子的聲音起床的。湯包原本多是作為早餐和點心售賣的，因此店家每日五點便已起身擀皮子剁肉餡。至下午三四點，一天的皮子用完就關店休業了。

擀湯包皮子是頗有技術含量的活，是湯包製作中最費工夫也是最難的部分。麵粉和食用鹼配比混合加水和麵，醒過的麵先擀成寬大平坦的麵餅，用裝著澱粉的大麵袋子撲面以防黏連。隨後用一條長長的擀麵杖將麵繼續擀薄，隨後捲起，再慢慢擀成極薄的麵皮，這個過程耗時頗久。每日我聽到「篤篤篤」的聲音，就知道是湯包店在擀麵了。待麵皮擀好即可抽出擀麵杖，用刀將皮子切成六七厘米見方的小塊即可使用了。

這是個體力活，每次去湯包店都看到老闆從頭到鞋子上都是麵粉，在我記憶中他一直都是這樣一種麵粉滿身的形象。湯包店的擀麵桌是一整塊長方形的大木板，那大擀麵杖比小時候的我還要高出不少；切麵皮的刀又長又寬，現在回想起來有點像四川白案師傅切金絲麵的大刀子。

湯包的肉餡肥瘦相間，調味則僅加少許鹽即可。包的時候用一根筷子挑少許肉沫抹在皮子上，用手指將皮子一合攏，湯包就做好了。小時候湯包分兩種做法，除了包了若有若無肉沫的主流版本，還可以吃無肉的，這是純粹吃順滑的麵皮子。包好的湯包皮子極薄，餡料又非常少，因此放入滾湯幾秒鐘便可撈出。如果煮的時間過長，麵皮會發軟，嚴重影響口感，因此烹煮的手勢對於最後成品的效果十分關鍵。

湯包出鍋前，湯底可以加醬油，也可以吃清湯，但那一鍋子煮湯包的其實是清水而已；是否放蔥花和豬油也是個人決定。我最喜歡的版本是豬油配醬油和蔥花，上桌後還要加上兩勺香醋一勺辣椒糊，實在是順滑暖胃，有滋有味。

店家生意日日爆滿，客人多的時候根本來不及包，如果你會包，則可去店內小房間「自給自足」。至於包多包少，肉餡放多放少全看客人自覺，店家只會在下鍋時走過場般查點一下。湯包的肉餡一定要若有若無才好吃，貪心多放肉的客人根本吃不到湯包的精髓，因此也少有貪圖那點肉沫而亂來的客人。我母親是包湯包的能手，小時候我一吃就是四十個起，但店內逼仄醃臢，我常不願堂食，於是母親都是親自去店裡包，煮好後連碗捧回家給我吃，吃完我再把碗送回去。這些是小城九十年代的生活圖景了。

湯包店客人多，節奏快，因此店家有一套簡易的量價計算規則。湯包十個起賣，無餡兒的五毛錢，有餡兒的一塊；以此為基準價，可以五個十個這麼加減算錢，不允許自由要求個數。如今價格早已飛漲，點單規矩也是一碗一個價格了。

現在回家鄉，湯包店似乎到處都可見了。我也試過一些其他店家的湯包，總歸沒有市心街那家老店的好吃，這也許是有些懷舊心理在起作用……

薄如蟬翼的湯包

今年，疫情綿延一年不絕，不知何時可以回鄉。南國雖冬暖，但最近天氣也涼了下來，於是就更思念豆腐饅頭和湯包這兩味柔心暖胃的家鄉吃食來。這是一個變化很快的時代，許多我小時候的事物竟已逐漸步入當代史的塵埃中去。而各地不同文化的融合衝撞，對於地方文化的傳承也將產生不可逆轉的影響。因此用文字記錄下這些美食記憶，也算是緩解鄉愁和記錄民俗一舉兩得之事。

註

1 本篇寫於 2020 年 7 月 13 日、8 月 2 日及 12 月 20-21 日。
2 包郵區代指江浙滬，因早期淘寶購物網很多商家位於此三省，經常有江浙滬包郵費的優惠，在簡體中文網絡中，包郵區漸成蘇浙滬的代稱。

一粉一麵思華年

1

這一粉一麵在我小時候的飲食記憶中佔有重要地位，
圍繞著一碗碗的粉麵，許多陳年舊事泛上心頭，
其中有歡笑也有淚水。
倏忽間已過去二十多年，那些老宅的粉麵往事已不可復得。

北方多吃麵，南方常嗦粉，皆因主要種植的糧食作物有別。不過嵊州兩者兼顧，我們既種水稻也種小麥，因此我小時候粉麵都吃，並無薄此厚彼之嫌。不過自家擀麵的事情，我從未見過，但母親說她小時候，外婆確實會在家擀麵。母親兒時，她的老家嶺根[2]仍處於自然經濟狀態，因此自家擀麵製醬都是尋常事，而且當年農村小麥收割時節還有嘗新麥麵的習俗。但在城裡，嵊州人早已習慣去麵店買現成的麥麵，這些麥麵初為手擀，待我有記憶始，麵店都已換上製麵機器了。

相對小麥，嵊州種得最多的糧食作物還是水稻。剡城屬亞熱帶季風氣候，水稻可一年兩熟，早稻七八月收割，晚稻十月十一月收割。外婆體力尚可時仍每年耕作自家的幾畝水田，我記得有一年的酷暑時節，母親和姨娘[3]娘舅們都回家幫忙收割

稻米，父親忙於生意，我就跟著母親一起去了外婆家。大人們在烈日下忙著收割，我則在田埂地頭捉小青蛙玩樂。成熟的金色稻米粒粒飽滿，收割完後，大人們將稻穗先堆在　邊，金色的夕陽照射著金色的稻堆，顯得耀眼奪目。隨著日影西斜，暑氣下沉，一陣清涼的夏日晚風吹來，令稻穗草木都發出沙沙聲，此情此景現在回憶起來都覺得有種動人的美感。

嵊州人不吃米粉，只吃榨麵。舊時只有在糧食豐收的年份，嵊州人才會把多餘的早稻米拿去製作榨麵，因為製作榨麵有百分之二十左右的損耗率，所以如果糧食供應緊張，榨麵的產量也就相應下降了。製作好的榨麵久存不壞，常備家中可隨時取用，對於嵊州人而言頗有點「儲備糧」的意思。每家每戶總會備些榨麵在家中，哪天懶得做飯就可以煮上半張一張，湯頭可用每家每戶都有的筍乾菜，也可以簡單地鋪上一個鴨蛋，再加些蔥花，也是清爽美味的一餐。

不過對於外地人而言，初聽「榨麵」二字想必會一頭霧水，其實榨麵就是粉乾的一種，只不過製作工藝上嵊州榨麵自有獨到之處。嵊州話的「麵」多指糧食加工而成的細長條狀製品，並不區分是大米還是小麥製作，因此「榨麵」雖稱「麵」，其實是一種粉。而「榨」字本是擠壓的意思，一字道出榨麵的製作關鍵就是擠壓。

傳統榨麵是純手工製作的，早稻米要先洗淨後再進行浸泡，舊時認為冬至前後的水最適合製作榨麵，大概是因為冬天寒冷，水質相對潔淨。浸泡後的米用石磨磨成米漿，再用巨石壓在細如凝脂的米漿上，令多餘水分流走，這個過程伴隨有輕度發酵，是榨麵與普通粉乾的重要區別之一。之後將生米粉分成一個個大小相似的粿糰，再用水煮粿糰，待中心夾生時取出，放入搗臼中搗製均勻。搗勻的粿糰就可以放入土木榨中進行壓榨，木榨中放有一塊上有密密麻麻大小一致的小孔的帶弧度之圓形銅片，可令榨出的麵條粗細一致。麵條成形後即入滾水煮熟，再過冷水降溫，瀝乾水分後在竹篾曬架上擺放成大小均勻的麵餅，每塊麵餅約一百五十克。最後一步就是將榨麵晾曬乾燥，晾曬初期需要適時揉搓麵餅，令榨麵之間留有空隙保持蓬鬆，可助多餘水分蒸發，整個過程都要避免太陽直曬及風直吹。傳統上，曬好的榨麵會裝入竹篾做的榨麵筐裡，售賣亦是按筐計價的。記得小時候，家中的竹篾筐裡整整齊齊地疊放著一張張榨麵，美觀又雅致。不過如今榨麵基本都用紙箱裝運，竹篾筐已難尋覓。

小時候去外婆家要路過甘霖鎮的殿前村，村邊的河灘上密密麻麻地鋪滿了榨麵架，一個個雪白的圓形薄麵餅排列於上，遠遠望去如絲如雪，是我最好奇的風景之一。第一次見到這場景，我就問母親，這些是什麼？母親告訴我，溪灘上所曬的就是我們平時常吃的榨麵。後來有機會去殿前村近距離了解榨麵製作工藝，更覺這一溪灘的榨麵頗為壯觀，是鄉土飲食的環境藝術化。除了殿前村以外，崇仁鎮的溪灘村是另一個極負盛名的榨麵產地，小時候親朋好友過年來訪，總會有人帶溪灘榨麵做手信。我曾以為「溪灘」是指曬榨麵的地方乃河溪的灘塗，後來才知道這原來是崇仁一個古村的名字。此村原為一片溪

上｜河灘上曬製的成排榨麵

下｜曬製初期，仍需要人工令榨麵透氣。

灘，本無人居住，明景泰元年（1450），崇仁裘氏第十一世孫裘瑛來此搭棚居住，乃溪灘村之始。兩地都屬最有名的榨麵產地，在我家也是殿前和溪灘的榨麵都會購買，並無定於一尊之理。

我母親是新中國的「同齡人」，根據縣志，她出生時嵊州有土木榨五百台左右，年產榨麵約六十至八十萬斤。在我小時候，機器製作的榨麵雖然已經開始流行，但從小吃慣手工榨麵的她從不買機器榨麵，後來我在社會餐廳吃到機器榨麵，才發現其口感較手工榨麵差了一大截。如今手工榨麵更為稀少，土木榨或如博物館展品一般僅是為了展示，難承實需重擔了。

我家老宅二樓樓梯口有個儲物小櫃，裡面專放日常食用的榨麵。每次煮榨麵時，母親就會派我上樓按需取出圓形的榨麵若干張。老宅樓梯很陡，上下樓傷膝蓋又費腳力，母親就喜歡使喚我跑上跑下。榨麵在嵊州人日常飲食中有重要地位，各種場景都有榨麵的一席之地。舊時婦女生完孩子，娘家要拿著所謂「婃姆[4]擔」，裡面一般就有榨麵、雞蛋、豆腐皮和嬰兒新衣服等。做婃姆吃榨麵也成了一種約定俗成的飲食習慣，不過現代人對產後營養更為講究，並不會把榨麵當做坐月子期間的主要食物了。

除了坐月子，日常生活中更是天天可以吃榨麵。我小學時一般一個人吃半張，成年男子則一般一人一張，做法常見的有以下幾種。最簡單的是用熱水煮熟榨麵，再倒入打好的蛋花，雞蛋鴨蛋皆可，而我母親獨愛鴨蛋，因鴨蛋味更香濃，蛋花更

豆腐皮鴨籽榨麵

綿密。蛋花成形後放入薄鹽調味即可出鍋，吃之前撒上少許蔥花即可。清湯白麵，輔以桂花般黃燦燦的蛋花和翠綠的蔥花，色澤淡雅味道鮮美，簡單卻不失禮。這一碗榨麵湯不僅是早餐常見，夜宵熟面孔，也是正月裡常見的待客點心。

以前每年母親都會親自曬筍乾菜，曬好後的筍乾菜保存得當可久放不壞，時間久了風味更為濃郁，這筍乾菜與榨麵也是絕配。先用筍乾菜煮湯，待色濃味醇即可放入榨麵同煮，榨麵熟後即可出鍋，也可再打入一個蛋花，一碗有筍乾菜鮮香的榨麵就煮好了。嵊州人家一般都會在家醃製雪菜，雪菜肉絲榨麵和雪菜鴨籽榨麵也是常見的搭配。

榨麵的搭配不拘一格，也可加入青菜與豆腐皮同煮，也是家常做法。吃湯榨麵的時候一定要趁熱食用，如果吃得太慢，榨麵在熱湯裡會泡發，到最後覺得如變魔術般越吃越多，永無止盡。永遠吃不完的榨麵是吃飯慢的小朋友兒時的噩夢之一。

如果不想吃湯榨麵，也可做炒榨麵。先將榨麵用水煮熟，再用冷水降溫後瀝乾，然後下鍋炒製，炒榨麵常見輔料無外乎雞蛋絲、豬肉絲和蔥花，用少許生抽和鹽調味即可。炒榨麵切忌油多，油量剛好將榨麵炒得乾香潤口就是最適宜的程度了。有一次姐姐突發奇想做了一個炸榨麵，沒想到炸製後的榨麵蓬鬆脆口，兼有米香，非常好吃。那時候不知廣東有大蝦煎米粉這樣的菜式，其實炸榨麵與煎米粉有異曲同工之妙，配上炒製得當的韭黃肉絲或者大蝦想必也是十分美味的。

榨麵也不是必須做主角，它作為綠葉時也很出彩。比如前一晚米飯吃不完，棄之可惜，就可留到第二天煮飯湯吃。嵊州人所謂的飯湯，做法是用清水將隔夜米飯、碎麻糍（年糕）粒和掰碎的榨麵同煮，待米飯稀軟、麻糍軟糯、榨麵熟透，再加入少許綠葉菜或雪菜稍煮，最後調味出鍋即可。我最愛在冬日早晨吃母親煮的飯湯，江南房屋無暖氣，冬季濕冷難忍，有這一碗熱飯湯驅寒實在再舒服不過了。由於湯湯水水的飯湯非常燙嘴，因此吃的時候要先用筷子在其中順時針攪拌，然後沿著碗緣吃外側已冷卻的部分。

另一樣我十分喜愛的由榨麵做配角的小吃是「腐拉羹」，「腐拉」二字我認為是用來形容番薯粉勾芡後羹湯那種濃稠掛壁的狀態的，如今為了便於宣傳，做腐拉羹的小店都稱之為「雞汁羹」。其實雞汁羹這個名字並不全面，因為腐拉羹也可

1 | 腐拉羹要配上雞鴨內臟

2 | 榨麵是必不可少的配料

3 | 麻糍也必不可少

4 | 腐拉羹製作過程

能是用鴨湯做的，這完全取決於當日家裡燒了雞還是鴨。小時候只有在家裡宰雞殺鴨的時候才有腐拉羹吃，因為這個小吃的湯底是煮完雞鴨後剩下的雞湯鴨湯，配料是切成碎丁的各種雞鴨內臟和新鮮凝固的雞血鴨血。當然麻糍碎粒和掰碎的榨麵亦是不可或缺的。往鍋中留底的雞鴨湯中加入內臟碎、血豆腐、嫩豆腐、麻糍碎和榨麵碎同煮，待湯滾後加入切細的青菜葉，之後用生抽、鹽等適當調味，滾後用水化了番薯粉進行細緻勾芡，等羹濃味醇時即可出鍋。母親常強調，吃腐拉羹一定要沿著同一方向用勺子吃，不要來回攪動，不然番薯粉勾的芡會迅速泄掉，這羹就變成稀薄的一碗水了，不僅口感大打折扣，連鮮味也難以集中，那可就辜負了枉死的雞鴨咯！腐拉羹裡的榨麵似乎無足輕重，卻貢獻了口感層次，是必不可少的綠葉。

與嵊州咫尺之遙的新昌縣也流行吃榨麵。新昌各鄉鎮以前本屬剡縣，五代梁朝開平二年（908），剡縣東部十三鄉劃出後方有新昌縣，而後來新昌與嵊州也分分合合，直到 1961 年獨立設縣至今。因此兩地不僅方言文化相通，飲食文化也相近，嵊州榨麵在新昌亦流行也不足為奇了。

說完粉，該說麵了。嵊州人對擀麵本身許是沒有北方人講究，但對吃麵這件事還是非常講究的。我們稱麵為「麥麵」，以示和實為一種粉的榨麵做區別。我小時候，城裡有麵作坊若干家，他們只售賣自家做的麥麵，不兼營烹飪，當時的業態便是如此細分的。不過自我有印象起，母親常去買麥麵的作坊已改用機器製麵，但他們堅持每日即做即售，不留乾麵。因此買

上｜雪菜筍片肉片麥麵

下｜我自製的蒜蓉拌麵

回家的麥麵都還是濕軟的，如果放到次日要不就發酸了，要不就水分蒸發成了一觸即碎的乾麵。

說來有趣，嵊州人只有在非常偷懶或趕時間的情況下才以粉麵做正餐，一般粉麵只在早餐、點心和夜宵時間出現。比如早上我們常吃所謂鮮菜雞籽麥麵，鮮菜一般指各種綠葉菜，尤指小青菜；雞籽就是雞蛋。清水煮開後放入生麵，三五分鐘後放入綠葉菜同煮，最後鋪上一個蛋花，並用醬油薄鹽調味即可出鍋。吃麥麵時，最好有前一晚吃剩的紅燒肉或蹄髈，經過在陰涼的庎櫥[5]裡一夜的靜置，這些菜已變成了厚厚的肉皮凍。用筷子挑一大塊埋入熱湯麥麵中，待肉汁化開，肥肉也重回軟爛，那肉的鮮香竟比剛煮熟時更突出，而清湯麥麵也多了別一重的滋味。除了用青菜煮清湯麥麵，也可用家中自己醃製的雪菜和筍絲、豬肉絲合炒，做一碗類似杭州的片兒川的湯麵，雪菜發酵後鮮香適口，令湯底自帶鮮味，這也是家裡常會做的。

麥麵也可拿來做拌麵，常見的有蔥油開洋拌麵；也可做炒麵，但麥麵易吸油，做炒麵不如榨麵來得好吃。印象裡母親甚少做拌麵，反而有一次父親給我做了一碗蒜蓉拌麵，竟出奇地好吃。那天母親不在家，中午父親也沒時間煮飯，可我是一定要準時吃飯的。於是他用清水煮上麥麵，又拿出幾顆蒜粒，拍扁去皮切蒂後細細切碎，待麵熟了撈起，瀝乾水分放入海碗中，再將蒜粒、醬油、鹽和少許白糖拌入其中。蒜蓉在麥麵的熱氣下散發出濃烈的香氣，而醬油和白糖令簡單的麥麵有了淡淡的鮮味，我很快就狼吞虎嚥地吃完了一大碗。在後來的歲月裡，我也如法炮製過這樣的蒜蓉拌麵，不知為何似乎都無當日那碗美味，也許這是為數不多父親下廚的記憶之一，歲月將這些難以復刻的經歷默默美化了也未可知。

除了這些作坊製作的麥麵，小時候我最愛吃的還有麵館裡售賣的大排麵。這大排麵的精髓不僅在每日現煮的肥美豬排肉，更在每次客人落單後現場拉製的麵上，手作的拉麵煮後較機器壓製的麥麵要勁道得多。嵊州的大排麵不能選擇麵的粗細，店家只拉一種麵，其較麥麵為粗，但也不超過尋常筷子的直徑；而且這大排麵是紅湯，又用了紅燒豬大排，自然與蘭州拉麵八竿子打不著了。這塊豬大排足有四分之三碗麵這麼寬大，蓋在麵上給人十分大的視覺衝擊；大排本身已燉到鬆軟，用筷子用力一夾就斷開了。我們常去的麵館在江濱菜市場對面，自我有印象起那大排麵館就在此處，每次小小的我可以完整吃下一大海碗的大排麵，店家都歎我人小胃口大。如今此店早已無蹤影，某年回去路過舊址，一看才發現早已變成其他店舖，真有人面桃花之感。

據說 1962 年馬寅初[6]回鄉探親時都不忘帶溪灘榨麵回京，可見對榨麵的熱愛是刻在嵊州人骨子裡的。我母親每次去姐姐生活工作的城市看望她時也要大筐小袋地帶榨麵過去，與此相比，倒從未見過有人把麥麵當土特產送人的，大概因為新鮮麥麵不易保存，且非嵊州特有。

這一粉一麵在我小時候的飲食記憶中佔有重要地位，圍繞著一碗碗的粉麵，許多陳年舊事泛上心頭，其中有歡笑也有淚水。倏忽間已過去二十多年，那些老宅的粉麵往事已不可復得。

大排麵的麵必須是現拉的

說實話，小時候我不算十分熱愛榨麵，但這麼多年後，我這個嵊州人喜愛榨麵的基因竟逐漸蘇醒，偶爾再次吃到榨麵時覺得這味道較兒時更為鮮香，不知這是口中之味還是心中之味了。

註

1 本篇寫於 2025 年 3 月 2 日 -5 日。
2 嶺根為嵊州里南鄉下屬一村莊，為我母親的故鄉。
3 姨娘，嵊州方言，意為姨媽。
4 姆：嵊州方言中指產後婦女，「做姶姆」即是坐月子之意。
5 厗櫥為一種冰箱和碗櫃普及前，浙東地區流行的木質廚房家具，其結構通常為上櫥下架，上面有搖門的櫥用來儲放菜餚，下面裝有移窗的架子用來放置碗筷餐具。
6 馬寅初（1882-1982）：浙江嵊縣人，經濟學家、人口學家和教育家，計劃生育的最早倡導者之一。

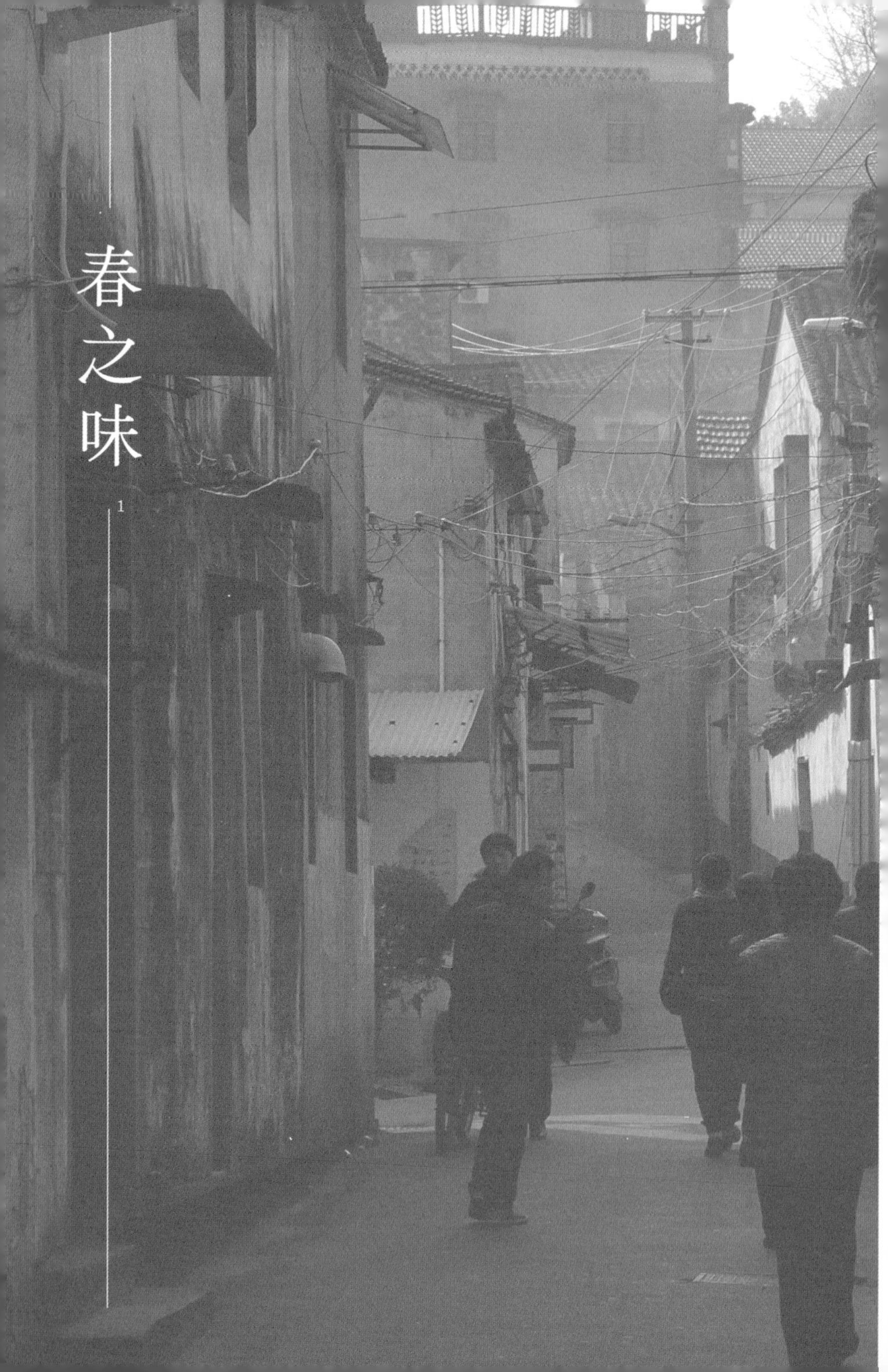

春之味

1

江南四五月份的梅雨季節，綿延一兩個月，
春日便是在這朦朧煙雨中來到，
我們的味蕾在經歷了物資相對匱乏的剡城冬日後，
在春天迎來了第一波盛宴。

獨自一人在港的第一個清明節，我決定請幾天年假回家。父親去世一年多，周年日我都未回家祭拜，這個清明節絕不能再錯過。雖然母親和姐姐同我一起回到家鄉，但這個我熟悉的小城，現在卻變得如此陌生。父親去世後，母親便搬來深圳與姐姐同住，我們幾個雖然口頭上說「回家」，但誰都知道，這個家已不復存在了。

春日的江南，細雨綿綿，連續一個禮拜，天空都未曾徹底放晴。這正符合清明時節的心緒，有了這雨，心底的悲傷和沉鬱才被徹底地激發出來。然而我雖是個懷舊的人，但絕不是個願意沉淪於感傷之中的人。畢竟，在這充滿生機的時節回到久別的家鄉，不能辜負了那些魂牽夢縈的舊日味道。

小城多山，兒時住在老城中心，一到週末便和鄰近的玩伴們一起到處撒野。那時候春天一到，陽光明媚，天有微風時，就是孩子們出門放鷂的好日子了。嵊州人稱風箏為「鷂」或「紙鷂」，放鷂是春日必行的活動。不過我老是沒法順利讓紙鷂飛起來，跑了一大圈，那紙鷂都像跟屁蟲一樣在屁股後面蹭地而行，偶有微風吹來，好不容易紙鷂飄起一點，又很快掉了下來。到最後只能求大人們助力，才能成功把紙鷂放上天，待風穩穩托住紙鷂後，我才重又接過繩索來。我的小手牽引著紙鷂的繩索，時不時拉扯一下，以令紙鷂更好地借助風力，而風又讓這紙鷂有了生命一般，借著繩索與我來回拉扯。似乎紙鷂一上天，就獲得了一身的春天活力，再也不願回到地上了。

小學時有個同學住得離我家很近，沿著一條叫做孝子坊的小巷直上，便到了她家。這小巷沿著鹿胎山的一側山路，因此分外陡峭，每每去她家我都覺得像是在登山郊遊。她家雖然破舊，但畢竟是獨門獨戶的院落，院子裡有一株數十年的櫻桃樹，先前由她爺爺打理，但老人年事已高，再也無心理會這些年輕時種下的草木。

每到春日，櫻桃樹在花謝後便生出些橘黃中透點紅的小果實，比市面上賣的本地櫻桃也小許多，更不似如今流行於市的車厘子。然而對於我們這些孩童而言，這是大自然莫大的饋贈，一到了結果的日子，我們便不顧危險攀爬上樹，去摘那些小櫻桃。雖然這些果實唯有個別酸中帶甜，其餘大多酸澀，但那一份童真卻是任何甜美的大車厘子都難以復刻的。小櫻桃的酸澀如同初春，乍暖還寒時候，氣候尚不宜人，但又處處透露

傳統的中國櫻桃

出了希望，草木皆從寒冬中復蘇，人們的精氣神也逐漸高漲起來。現在想來，這滿口的酸澀，某種程度上象徵著春日的到來。

中學時，我和母親常常沿著孝子坊，去鹿胎山上散步。一年四季，我們都會踏上那熟悉的山間小徑，享受安靜的週末午後。甫一開春，山上的竹林裡鑽出了稚嫩的筍尖，此時的筍最是鮮嫩，家鄉人稱之為早筍，乃出自早竹。母親最愛吃筍，現在雖搬到了嶺南之國，但心裡還時時不忘筍。可惜深圳菜場上罕有鮮筍出售，即使有，也很難保證狀態。於是到了春頭，母親就特別想回老家，去採摘一把春筍。很久以前，家鄉的先人便知道，春筍雖美，卻難以一年四季皆品嘗到，於是發明了筍

孝子坊路附近的小巷老宅

乾菜和筍乾。

每年春天，母親都要張羅著曬筍乾菜，筍乾菜雖保存得當可久放不壞，但不小心就容易有陳味，放得久了，煮出來的筍乾菜湯色紅味酸，不堪食用；我家人多，一般當年新曬的筍乾菜到年底也吃得差不多了，因此每年新曬筍乾菜是開春雷打不動的活動。曬筍乾菜的時間要視乎當年天氣，回暖快且穩時，早筍在驚蟄前就已冒出；若倒春寒來得猛烈，筍就要晚些才能收割，不過無論如何曬筍乾菜一定是在清明之前完成的。

筍乾菜三字的主體雖是筍乾，但無醃製過的雪裡蕻做陪襯，便難成「筍乾菜」，曬筍乾菜需用到上一年冬天醃製的雪菜，雪菜醃得好，才能曬出清香鮮美的筍乾菜。待早竹最脆嫩鮮美時，母親就忍不住要回鄉下拔筍，雖則農村的親戚們每年都會為我們準備早筍，但母親對拔筍一事樂此不疲。外婆竹林裡的早筍不夠的話，我們便要去菜市場購入鮮筍補足，因為普通人家曬個一篾篩的筍乾菜就足夠，我們家卻要曬上好幾篩的才夠全家人一年食用。

曬筍乾菜之前先要清洗、處理早筍，去殼去筍菩頭[2]，再改刀為成人食指長寬的粗絲。醃製好的雪菜切成與筍絲差不多長的小段後，與筍絲一起放入煮鍋中，加入足量清水烹煮。水滾之後就可聞到一股雪菜筍絲的清香，有時候我會忍不住去夾一筷子嘗鮮，剛煮好的雪菜筍絲真是鮮美；母親看我嘴饞，常會往裡頭焐上幾塊麻糍（年糕），待其糯軟就可拿出來吃了，麻糍吸了雪菜筍絲的鮮味，又香又糯又鮮，想到已讓人口舌生津。

由於醃製雪菜時已加入足量鹽分，因此煮筍乾菜時不需要額外添加鹽或醬油了。而且筍絲易熟，雪菜醃製過也易爛，切忌煮得過熟，不然曬出來的筍乾菜就不成形了。煮好後，全家人一起把筍乾菜放到竹篾團篩上平鋪開來，先讓熱氣散去，再放到太陽底下曬製。曬筍乾菜最怕陰雨，因此開工前還要看準天氣預報，不然下起雨來，筍乾菜也很難曬得好。曬製期間，要時常去照看這些筍乾菜，時不時整理翻騰一下，令每部分都均勻曬到陽光，也要防止蟲蟻混入其中；有時候麻雀也會來啄食，每年的筍乾菜都要被鳥兒們吃掉一些。待筍乾和雪菜都充分乾燥後即可裝入罎中密封保存，剛曬好的筍乾菜呈深棕色；保存一段時間後會有返鹽現象，筍乾菜表面有細鹽粒析出，看上去像覆了一層薄霜似的。無論是燉肉、蒸五花肉、扣肉還是煮湯泡湯，筍乾菜都是極其美味的輔料。

曬筍乾的筍是毛筍而非早筍，個頭更大，肉質更有嚼勁，但冒尖的時間晚於早筍和雷筍。筍乾的製作過程與筍乾菜類似，只不過是純筍曬製，不再加入雪菜。有些人家會曬一種細筍乾，煮的時候加入大豆或花生同煮，並加入桂皮八角黃酒增香，用醬油調味，曬乾後可作為隨時取用的下酒小菜。但我家從來只曬毛筍乾，大毛筍一株劈開，切成較粗的長條，維持筍原本的長度，之後入大鍋以鹽水燉煮，熟後瀝乾水分放在團竹篩上晾曬乾燥即成。這種鮮筍乾可以保存很長時間，拿來燉肉和煮老鴨湯，都是十分鮮美的搭配。

筍乾菜和筍乾都是先人傳下來的飲食智慧，如此一來，春日的味道被鎖在了時光中，任由季節更替，想念春日時，取出

上｜菜場售賣的筍

下｜筍乾菜（左）和筍乾（右）

一把，便能重溫一點點春之味。

與母親散步，常常可以知道許多關於草木的知識。母親出生於農村，從小在山野裡長大，身為長女，農活亦是樣樣都要參與。因此，雖然已經數十年沒有接觸農務，她腦海中的五穀作物常識可一點兒未丟。鹿胎山的小徑邊常常都會長滿野菜，春日裡，母親爬山散步時必會帶個塑料袋，以採摘路邊看到的野菜。馬蘭頭、薺菜以及艾草，是最為常見的；偶爾還能見到折耳根一類本地人甚少食用的野菜，母親說農村稱之為豬草，小時候他們採來餵豬的。清明時節更是野菜生長旺盛之時，長老的薺菜有兩長排三角形的角果，拉丁語名「牧人的錢包」即是形容這角果的形狀的，雖然老了的薺菜不能直接食用，但可拿來焐蛋，有一種特別的香氣；艾草則可製作青餃，馬蘭頭焯水之後切得細細的拿來拌豆腐乾最鮮香；還有胡蔥，雖然細小不起眼，卻香氣撲鼻，與肉絲以及豆醬共炒，簡直讓我一吃便魂牽夢縈到如今。

這幾年，母親年紀大了，腰腿時常不舒服，爬山一類的吃力活動自然參加得少了。今年回到家鄉，我和姐姐爬了一次山，雖說爬山，其實鹿胎山只是丘陵，並非高聳險峻之所。沿途山泉輕吟，水霧瀰漫，遠處雪白的梨花輝映著如血的杜鵑，一派世外桃源的景象。我們一路採摘了許多的胡蔥，正好晚上回家炒醬吃。而母親則在菜市場買回了艾草，打算為我們做一些青餃。

踏青吃青，是江南人清明時節必進行的活動。艾草，在

薺菜焐雞蛋

我的方言中單名一字「青」，不似蘇滬地區喜用糯米粉和著碾碎的艾草做成青糰，嵊州的做法是將麵粉和糯米粉大致按七比三的比例混合，揉入切成碎末的艾草，然後做成青餃。青餃既可以是豆沙餡的，也可以是鹹菜筍丁香乾餡的。小時候，一到清明時節，家家戶戶做青餃，鄰里之間還會分享，同樣的原料，卻可以做出每一家不同的味道，這正是烹飪的迷人之處。然而這在南國再尋常不過的食物，到了北方便極難見到了，在香港亦少見有餐館售賣青餃青糰的。或許是因為，北方和香港的春日都極短暫吧，哪裡還有時間去尋覓這春之味？不是寒冬綿長，就是轉眼已是烈日高陽，夏日炎炎了。

上｜青餃

下｜鯽魚以及其他雜魚正美味

嵊州的冬日濕冷難忍，每年總有霜凍雨雪，最冷的那段時間河流都結上了冰，那冰雖不似北國的厚，可由人在上面行走溜滑，但也足夠將河流封上幾天的。到了春日冰霜全解，河水回溫，水中的魚兒重又肥美起來，這時候是吃河魚的好時候。嵊州不臨海，因此我們平日裡以吃河鮮為主，各個季節都有不同的河鮮入饌。

母親最愛吃春口的鯽魚，以前的野生鯽魚不會有惱人的煤油味，大概是自然環境還未受到太多污染。鯽魚的做法有很多種，其中簡單清蒸就十分鮮甜，薄鹽調味即可，不過鯽魚刺多，需要小心品嘗。也可與春天的新蔥同煎烤，煎得恰到好處時，鯽魚表皮香酥，魚肉還多汁美味。更可以將鯽魚先用油煎透，再與蘿蔔絲燉成奶白的鮮湯，蘿蔔清鮮，湯底濃郁，喝上一碗，頓覺整個身體回暖。那一刻，似乎一切的食材都在傳遞著春回大地的喜悅。

說起春味，又如何能不提嵊州的枇杷？離開家鄉這麼些年，我再未吃到過可口的枇杷。他鄉超市中的枇杷又貴又酸，雖然個頭都不小，但味道卻完全錯了。現代技術產出的強扭水果，常常只能在外表上吸引人，一到入口時便真偽分明了。小時候每年枇杷上市，也即意味著夏日將至，春日已近末尾。父親一定會第一時間買枇杷給我吃。初上市的枇杷為求嘗鮮，尚未熟透，因此皮薄而牢，常常不能一下子完全剝下，待熟透後剝皮就不費力氣了。不過，枇杷尾端的花朵殘餘物黑乎乎的，剝多了手指甲裡都是黑漬，努力清洗也難以完全除盡，因此小

枇杷上市也意味著春天的結束，夏日將至。圖中還可看到目前已非常少見的黃包車，我小時候這是嵊州人重要的代步工具。

時候我常常沒有耐心吃新鮮枇杷。於是父親常給我買糖水枇杷，可以直接吃果肉而毋須剝皮吐核。枇杷的滋味是甜蜜而膩人的，整整一個春日的醞釀讓這小小的黃色果實有了如此濃郁的甜美味道。然而嘗完枇杷，我們也要向春日揮手作別了。

江南四五月份的梅雨季節，綿延一兩個月，春日便是在這朦朧煙雨中來到，又離去的。這細細的雨絲敲醒了沉睡的大地，萬物回春，雨水是生命之泉，讓一切都恢復了生機，去迎接夏日的考驗。我們的味蕾在經歷了物資相對匱乏的剡城冬日後，在春天迎來了第一波盛宴。

春的味道是先有點酸澀的，然後越來越鮮美，最後則是甜蜜得讓人捨不得放手。然而，一年四季輪迴，人生悲歡離合，有什麼是永恆常在的呢？我們將春筍曬乾封存，一次次拿出來在不同季節重溫春日的美味，就好像翻看有些發黃變糊了的老照片一樣，此情此景尚在眼前，筍乾入口之時，春的記憶重又回來。但是我們知道這乾癟的回憶中還是少了些什麼，有些味道到了來年春日便能重新品嘗，而有些味道卻只存在於當日那個獨一無二的春天之中。

註

1 本篇寫於 2014 年 4 月 27 日，增改於 2025 年 3 月 11 日；原文於 2025 年 4 月 4 日、4 月 7-8 日分三次發表於《大公報》副刊。

2 菩頭：嵊州方言指植物接近根部較老的部位。

夏日將至

1

過完立夏，小城人才覺得夏天真正來臨了，
天氣即將從溫暖變得炎熱起來。
習俗是與一時一地的人緊密關聯的，
離開特定的環境，習俗也就不復存在了。

嵊州的天氣，四月下旬漸漸開始熱起來，到五月初已是一派初夏景象。山花既開，小櫻桃也快要落市，枇杷正是香甜的時候。我最愛初夏的風，徐徐吹來，溫暖柔和，既寒意全無，也未炙熱灼人，吹拂在臉上如嫩手摩挲，萬千柔情不如初夏微風令人沉醉。

放學時分，走在老城小巷裡，家家戶戶都在準備晚餐，飯菜的香氣從老台門裡飄出，讓早已肚飢的我歸心似箭。我小時候，老城人吃飯早，一般五點多就開飯了。五月初，我們一家人吃完飯出門散步時，傍晚的餘暉尚存；夏至前白晝將一天長過一天，告訴著人們夏日將至。不似盛夏永晝那遲遲不肯落下的烈日，初夏的餘暉如一片橙紅軟紗掛於天際，隨著夜色籠罩，軟紗終於緩緩褪去，而星斗還未升起，遠方的天空被淡紅色暈染，盡顯這初夏夜的溫柔。

飯後，老城台門裡飄出洗澡水的皂香，在清涼晚風的吹送下混入小城的空氣中，我不覺得這皂香惱人，它反而像是夏日將至的氣味宣言。老台門的房子因下水道尚未改造，並沒有廁所和浴室，大人汏浴[2]要去澡堂子，孩童則是在道地裡放個大澡盆露天泡澡，因此只有天氣足夠暖和的時候，人們才敢為孩子們露天汏浴。五月初，夏天釋放著各種將至的信號，讓小城的人們準確獲悉它的到來，而立夏在嵊州是一個重要的日子，宛如一場迎接夏日的慶典。

小學時，每年立夏前一天，班主任謝老師就會提醒大家記得在第二天帶煮熟的雞蛋來學校，我們全班要進行鬥蛋大賽。這是一年中我最期待的日子之一，因為班主任謝老師會在第一節語文課的末尾留出十多分鐘讓我們鬥蛋玩鬧。九十年代的內地小學，上課是十分嚴肅的，不僅要端正坐好，還要專心聽講，課堂上哪有學生玩鬧的時間？唯有立夏當天班主任才會破例，因此立夏於兒童而言是為數不多可以名正言順當堂玩鬧的節氣。

嵊州方言裡，用水灼食物叫做「煠」，此字普通話讀zhá，嵊州方言則讀入聲的zaeh。立夏當天清早，父親會煠一陶鑊[3]雞蛋，用水冷卻後一個個仔細觀察，挑出幾個他認為殼最硬者讓我帶去學校。一般我會帶三個雞蛋去學校，多預備兩個雞蛋，無外乎是怕第一隻蛋太快「陣亡」。我會選其中一個盛放在由彩色粗線編織而成的蛋袋中。這蛋袋是立夏前幾日母

母親親手編織的蛋袋

親親手製作的，她每年都會為我挑選不同顏色的粗線製作新蛋袋。蛋袋雖叫袋，其實是個網兜，並不是密實的袋子；袋底有穗，袋兩側有長粗線做環，因此可以把蛋袋掛於頸上；而且只要抽一下袋子兩側的長線，袋口就會收緊，雞蛋放於其中十分穩妥。我脖子上掛著一隻蛋，書包裡又小心存放著兩個備用雞蛋，就這樣高高興興上學去了。

到了學校，我們心裡都只想著鬥蛋，哪有心思聽講，謝老師自然知道我們的小算盤，因此立夏當天的語文課也往往較為輕鬆。到最後離下課還有十多分鐘，她就讓大家取出各自蛋袋中的雞蛋，準備開始鬥蛋大賽。鬥蛋前，同學們還會攀比各自的蛋袋，誰家的蛋袋編織得好看，孩子就覺得這鬥蛋已經未鬥先贏了一招，小朋友的虛榮心可不比大人少呢！

不過真槍實彈的鬥蛋才是決勝負的關鍵，小學時我們兩人一桌，因此遊戲規則是先同桌互鬥，勝者前後兩排互鬥，兩輪皆勝出者則由老師分組進行車輪戰，一直鬥到決出贏家為止；比賽結束後，帶了多餘雞蛋的同學可自由鬥蛋，直至下節課上課為止。隨著謝老師的一聲「開始」，教室裡就響起了此起彼伏的蛋殼相撞聲，每一擊碎裂聲都必然伴隨著某個同學的無奈歎息或遺憾怒吼。一場混戰後，課桌上都是碎裂的雞蛋殼，贏家雖無獎品，但大家都鬥得非常投入。比賽結束後，所有鬥碎的雞蛋都要落肚，絕不能浪費食物。因此，這煠蛋算是我們立夏的第一樣節慶食物。

鬥蛋的關鍵在於選蛋，以前的雞蛋都是走地母雞所生，雞的飲食多樣性較好，活動空間也大，平時有大量時間曬太陽，母雞鈣質吸收得充分，自然生出來的雞蛋蛋殼就硬實。而煠雞蛋也有技巧，加點鹽或小蘇打同煮能讓雞蛋殼更不易碎裂。再者，鬥蛋的手勢也十分講究，不能直接拿起雞蛋就跟對方硬撞，應用手掌手指包裹住雞蛋的大部，只剩下一點尖頭去撞擊；切記不可用雞蛋的圓頭鬥，因為圓頭內部常有空氣槽，雞蛋殼無凝固的蛋白支撐，很容易碎裂。當然以上都是君子之道，還有不老實的同學會提前在雞蛋殼上塗抹米漿或膠水，待其乾燥凝固後蛋殼會變得很難撞裂，這屬小人手段。此類行為如果被發現，這位同學會受到全班一致的譴責，恐怕一學期都沒人搭理他了。說起鬥蛋，我又想起班裡有個呆呆憨憨的同學每年不是帶鵝蛋就是帶鴕鳥蛋，大家一看此蛋不簡單，個頭這麼大，除了圍觀一下，誰會願意和他鬥呢？

立夏上午鬥完蛋，中午一定要回家吃健腳筍和蠶豆鹹肉糯米飯，這是立夏當日特有的美味，平時母親是不做這兩味的。煮健腳筍要用細長的野山筍，因其形細長筆挺如腳骨，吃健腳筍的習俗遵從的就是所謂以形補形的原理。據說立夏當天若吃了健腳筍，就可讓雙腳有力，一年腿腳都不出毛病。這當然屬臆造的聯繫，但野山筍好吃，我才不管它對腿腳是否有好處呢。兒時的我，每年都特別期待吃健腳筍的日子。

母親版本的健腳筍是與排骨一起燉煮而成的，烹製工序非常簡單：排骨焯水洗淨後，用油略炒，再加入洗淨的野山筍，然後加入足量黃酒增香提鮮，再加入醬油和鹽調味，之後就是加水燉煮了，大火燒開後，用慢火將筍篤得軟嫩入味即可。排骨是用來給筍增一層肉香的，主角是裡頭的健腳筍。原則上健腳筍一人吃兩條即可，代表對兩條腿的保護；但我根本不管習俗，一個人都要吃上十條。赴京求學後，立夏時根本沒有假期，如何能回鄉吃我愛的健腳筍呢？去年不小心損傷了半月板，在家休養了一個多月，一年過去，雖然平時行動運動基本無礙，但右膝蓋已經無法恢復到完好無損的狀態。我心想難道真是因為這些年沒吃健腳筍嗎？當然我深知這並無科學依據，也許只是我的鄉愁又犯了。

配著健腳筍一起吃的可不是平日吃的白米飯，而是鮮香糯軟的蠶豆鹹肉糯米飯，這是立夏當天嵊州人家家戶戶都要做的。不過插句題外話，此處「蠶豆」是指豌豆，而不是普通話

上｜用來製作健腳筍的野山筍

下｜母親煮的健腳筍

中的蠶豆；普通話中的蠶豆在嵊州稱之為羅漢豆。從我有印象起，家裡煮飯都已改用電飯煲，這糯米飯自然也是用電飯煲烹製的。蒸飯前需要將糯米稍事浸泡，然後放入電飯煲中，上鋪切成小片的鹹肉和一粒粒碧綠的豌豆，再加入沒過食材約一指節的水即可。我家做糯米飯的鹹肉必是母親親自醃製的，肥瘦相間，十分適合拿來煲糯米飯。電飯煲還沒跳閘時，糯米飯的香氣早已四散開來飄滿整個灶間[4]，這是一種鹹肉濃郁的香氣摻雜著糯米米香和豌豆清香的混合香味。

放學一到家，我就聞到了這誘人的香氣，自然迫不及待地要來嘗上一口剛煮好的蠶豆鹹肉糯米飯。嵊州人日常生活中以糯米入饌的食物很多，比如常作為早飯的粢飯糰，以及端午年節各要包一次的粽子等等。但諸多糯米食物中，我最愛這一味蠶豆鹹肉糯米飯，因為它的味道最豐富又最清新，如夏日微風般溫柔細膩。蒸熟的鹹肉，肥肉已經流油，浸潤了糯米和豌豆，瘦肉色澤紅棕，鹹鮮惹味；原本翠綠的豌豆雖然蒸製後帶上了點灰白，但依然綠得醒目，彷彿象徵著充滿生命力的夏日。這一碗糯米飯，單在色彩上已如夏花般絢麗，更別說那豐富的味道了，它在我的童年記憶裡便象徵著夏日的來臨。

除了鬥蛋吃筍吃糯米飯，立夏還是全員稱體重的大日子。無論大人小孩都要在當天稱體重，據說可以防止疰夏。這一活動對孩童尤其重要，雖然這是封建迷信，但大人們一定會給自家孩子過一下秤，誰也不願意孩子在炎炎夏日裡身體不舒服。我家做生意用的大貨秤這時就派上用場了，貨秤可稱上百公斤的重量，一般人的體重區間都已覆蓋；老台門裡，家中有秤的

上｜嵊州人說的「蠶豆」，其實是豌豆；而普通話中的蠶豆，嵊州人稱之為羅漢豆。

下｜鹹肉蠶豆糯米飯

人極少，即便有也是小桿秤，而不是這樣可以稱人的大秤。因此這貨秤不僅要稱我的體重，還得負責稱鄰居家孩子的體重。那個年代電子秤還是個稀罕物件，只有時髦商場裡稱貨才用，其他地方用的都是物理秤，遑論如今簡便輕盈的體重秤。我家的大貨秤是用秤砣量重的，秤砣從小到大列在秤桿上，最大的秤砣十分沉重，小孩子費半天力氣都未必拿得起來。我不知道稱體重是否能預防疰夏，但我知道，這立夏稱人的儀式中，承載著父母希望孩子健康成長的殷切期盼。無論它是否真有實際作用，這份深藏其中的愛與祝福，又怎能讓人忍心拒絕呢？

過完立夏，小城人才覺得夏天真正來臨了，天氣即將從溫暖變得炎熱起來。一到夏天，嵊州人家裡每日都會泡六月霜茶，因其可清熱祛暑。六月霜即菊科艾屬的奇蒿，嵊州人將其曬乾後，在夏日泡水飲用。每個夏日早晨，父親都會往搪瓷大水杯裡放入一束曬乾的六月霜，再倒入足量的開水，待水冷卻後，六月霜茶便泡好了。此茶色呈淡棕，有一股特殊的清香，初入口有苦味，後覺清涼回甘。童年的夏日記憶中，總有揮之不去的六月霜清香和淡淡的回甘味道。

隨著天氣升溫，花草樹木也進一步釋放生機，大地的各個角落都被絢爛的自然色彩浸染。漫山遍野的柴把花在初夏綻放得最為燦爛，嵊州人所謂的柴把花，就是杜鵑花。白居易說「花中此物似西施，芙蓉芍藥皆嫫母」[5]，可見古人亦愛杜鵑。嵊州的柴把花為玫紅色，初夏時若去山裡兜風的話，可看到滿山都是密密麻麻的柴把花，怪不得此花又叫「映山紅」，真個

上｜六月霜茶

下｜夏天最愛吃涼拌長茄了

將山坡都映得十分紅艷。微風吹拂下，紅色的花朵如波浪般上下起伏，好一幅爛漫的初夏風景畫。

母親說柴把花是可以食用的，她小時候沒什麼零食可吃，初夏她們就會去山上摘柴把花吃其花瓣，據說微酸微甜有一股清香。於是我也有樣學樣，在某次去郊外兜風時嘗了下柴把花的味道，確如母親所言，酸酸甜甜的。不過她警告說，柴把花只可吃紅色的，切不可吃黃色的；而且不可多吃，吃多了會流鼻血和肚子痛。長大後，我查了資料才知道，杜鵑花含有木藜蘆毒素，全株植物從上到下都有毒，根本不應該食用。想必母親山村裡代代相傳的食用經驗大概是將食用量控制在中毒邊緣吧……

立夏臨近時，二舅茶園的採摘工作也近尾聲，熱鬧的茶園裡最後一批幫工收了尾，茶園裡只剩下綠油油的茶樹在夏日微風中互相摩挲碰撞，發出些窸窸窣窣的聲響；摘完茶，就要進入炒製環節了。很多人不知道嵊州也產好龍井，更別說清代作為貢品的平水珠茶[6]和泉崗輝白茶了。

外婆田裡種的早稻已開始抽穗，再過一段時間就可收割了。夏日彷彿一下子就登場了，它從沒想偷偷摸摸地來，相反是大張旗鼓，夏日的氣息無孔不入。隨著夏天的到來，果蔬也逐漸豐富，熟透的本地小黃瓜已經上市，茄子也到了最美味的季節，天氣再熱些時第一批可嘗鮮的西瓜就要上市了。而天氣一熱，水汽升騰，雷陣雨的季節也將到來，炎熱濕潤的夏日終於要來了。

上｜茶園

下｜小城夕陽

夏日將至時，孩童之間的鬥蛋儀式象徵著夏日的生機，一群最有活力的孩子們在雞蛋的碰撞聲中迎接夏日的到來；而美味的健腳筍和蠶豆鹹肉糯米飯則代表著初夏的味道，鬥蛋和美食組成了一首無字的初夏風物詩。立夏後剡溪水回溫，魚蝦活躍，若幾日炎熱無雨，溪水水位就會下降，這時候是捉魚摸蝦的好時機。夏天又有漫長的暑假，我可以自由安排時間，好好享受夏日時光。大人們嫌夏日濕熱難忍，我小時候卻一點都不怕夏日炎熱。

一年二十四節氣，兒時的我最期待立夏的到來。習俗是與一時一地的人緊密關聯的，離開特定的環境，習俗也就不復存在了。我離開家鄉後，立夏成了三百六十五天中再普通不過的一天。只在天氣漸熱時，我還是會回想起以前的立夏時光，懷念起那一個個鬥蛋的夏日清晨和美味的健腳筍及糯米飯。

註

1 本篇寫於 2025 年 3 月 18- 19 日。
2 汏，古同汰，意為清洗。
3 陶鑊為嵊州方言，即鍋的意思，大概源於早期炊具多為陶製。
4 嵊州方言，意為廚房。
5 白居易，《山石榴寄元九》。
6 嵊州為當年平水珠茶主要產地，平水珠茶是清代康熙朝的貢茶之一；由於紹興平水鎮為此茶集散地，故得名。

端午年年關朧煮粽夜

1

回想起那些母親用大鍋煮粽的夜晚，
箬竹的清香在熱氣的蒸燻下升騰蔓延，
讓整個老宅都浸潤其中。
那些我在睡眼惺忪中品嘗過的頭口粽子也成了童年端午和新年難以抹去的美味記憶。

現代人對於節日的重視程度多和假期長短掛鉤，公眾假期長的節日便覺重要，放假時間短或無公眾假期安排的節日便漸漸覺得可有可無了。比如以前內地無端午假，大家就不太重視端午節，最多提幾句屈原、吃幾口粽子。其實端午向來是中國的重要傳統節日，袁世凱當上大總統後曾以民俗定一年四節，其中夏節就是端午。看「三言二拍」也可知道，夏節時老鴇會向客人結算前一季賒的賬，沒錢的「姐夫」可就要被趕出去咯，當然這有點扯遠了。

在我兒時，端午雖非公眾假期，但每家每戶都要慶祝，習俗禮儀十分繁多，是一年中全家最忙碌的節日之一。「端午」二字中的「端」，嵊州老派方言讀「toen」，與「東」字音近，新派嵊州話的「端」字念「toe」，n 音完全脫落，唯有在說「端

母親包的粽子

午」時我們才讀「toen」，可見此節之重要性，連語音的流變都抵擋住了。對我這個小貪吃鬼而言，各個節日的吃食是讓人印象最深的，我就靠這些特別的節慶食物來記住一年時節的變換。端午最重要的吃食自然是粽子，剡地也不例外，各家各戶到端午都要包粽子，但按住粽子不表，先說其他本地習俗。

端午節，嵊州人講究吃「五黃」，所謂五黃有不同的說法，其中雄黃、黃瓜、黃魚和黃鱔四者是無爭議的，剩下的第五黃要從黃梅和雄黃羅漢豆中二選一。有些地方的「五黃」還有鹹鴨蛋黃，但在嵊州似乎沒有這個說法。端午節中午正是陽氣最足的時候，家家戶戶都要炒羅漢豆，最後噴上雄黃酒，謂之雄黃羅漢豆。插句題外話，嵊州話所說的「羅漢豆」即是蠶豆，而嵊州話的「蠶豆」則是指豌豆。炒羅漢豆不用油而用砂子乾炒，炒到羅漢豆開口即可。小孩愛這羅漢豆酥酥脆脆的口感，而大人們則相信孩子吃了這雄黃羅漢豆就不會被毒氣邪魅侵擾。

我小學時頗愛聽越劇，戚雅仙[2]唱的《白蛇傳・合缽》中的名段《為妻是千年白蛇峨眉修》有「為了你端陽強飲雄黃酒」一句，唱詞印入腦海，我就一直想偷偷喝下雄黃酒嘗味。雄黃羅漢豆上那一點雄黃酒幾無酒味，而大人們又不允許我喝雄黃酒，孩子們只可用雄黃在額頭上畫個大大的「王」字來驅邪避災，因此我至今都不知道白娘子喝的雄黃酒是何滋味。當然雄黃其實是一種含有砷的硫化物礦物，本身有毒，絕不能攝入過多，這大概也是端午喝雄黃酒習俗如今難覓的原因之一吧。

除了吃食，端午還有許多其他習俗讓我印象深刻。首先每家每戶必插艾草和菖蒲，菖蒲葉要剪成劍狀，故又稱菖蒲劍，而這一把艾草則稱為艾旗。記憶裡菖蒲和艾草會一直插在門上，直到草葉枯黃乾癟才丟棄。端午當天家裡還要打掃清潔，角落裡噴上雄黃酒以鎮五毒。大概因為嵊州梅雨季節漫長，端午時候暑氣又漸重，特別容易滋生蛇蟲鼠蟻，這些操作都是為了驅疫避害。對於孩童而言，端午節還有香袋可玩，我母親擅長手作香袋，用家中剩下的邊角布料，做成各種花色和形狀的香袋，裡面裝著從鶴年堂買回來的茴香、白芷、丁香、冰片、雄黃等香料磨成粉後製成的香粉。嵊州的香袋一般下墜有流蘇，掛於孩童脖子上。彼時一到端午，人人都欲買好看的香袋攜帶，因此我家的副食舖也會進一些現成香袋售賣，記得每年

包粽場景，這裡包製的是黑豇豆粽。

都進貨不足，很快售罄。除此之外，小孩手上還要戴浸過雄黃酒的五色長命線。不過嶺南地區流行的賽龍舟，剡城稀見。據1989年出版的《嵊縣志》記載，舊時嵊縣的三界[3]八鄭一帶有賽龍舟的習俗，但在1925年後便漸漸停止了。不過即便沒有龍舟賽，我小時候嵊州的端午節已經足夠熱鬧了。可惜如今這些習俗據說多已不傳，端午的節日氛圍淡了許多。

說這麼多，終於說到粽子了。每年一到端午，網絡上總會有所謂粽子的鹹甜之爭，我覺得此類地域爭論十分無聊。嵊州的粽子向來有淡粽、甜粽和鹹粽三種，從來不存在鹹甜之爭，大家各取所需，相安無事。所謂淡粽就是沒有餡料的純糯米粽，我外婆會包這一類淡粽，一般煮熟後拿來配菜吃，充當主食。我母親一般包肉粽和黑豇豆粽，鹹甜兼顧；外婆則還會包蜜棗粽和紅豆粽等。記得最早的時候，嵊州的粽子都只醃製餡料，不對糯米進行調味，煮好後的粽子剝開箬葉是雪白的，但味道偏寡淡。後來五芳齋的粽子開始進入嵊州市場，我才知道原來嘉興粽子會對糯米也提前調味上色，煮好後的粽子是棕色的，味道比母親的白粽了要豐富得多。有時候父親提議不如市面上買現成粽子，省卻自己包的麻煩。母親對此嗤之以鼻，只不過在她發現我偷偷買五芳齋粽子吃之後，決定改良自己的粽子包法。不知她從哪位朋友處獲得秘方一副，從糯米調味到餡料醃製都一改往日手法，最後竟然包出了比商場售賣的粽子更美味的肉粽。從此後父親再不提買現成粽子，我家包的粽子也獲得了親戚們的青睞，成為我們走親訪友的手信之一。

包粽子需要計算好個數，我家親戚多，每次一包少則幾十多則上百，母親提前幾日就要開始做準備。端午前一日起床後，她就開始忙碌起來，先泡糯米，再備餡料和清洗箬葉。待糯米泡好後，倒入醬油拌勻，待其入味。肉粽要選肥瘦相間的五花肉，煮製粽子時，肥肉也一同煮得流油化開，粽子才能香潤適口。肉餡也需提前碼味，待其上色入味後即可開始包製。嵊州粽子都是短小的三角粽，較所謂「角黍」要更寬厚些，但仍維持三角形狀，不過「角黍」乃「以菰葉裹粘米煮熟」[4]，菰葉頗窄，不知如何包裹粘米，而茭白外衣又很脆，也不易用，不知道周處這裡的「菰葉」具體指的是哪種葉子。我們包粽子用箬竹葉，端午時節市面上有新鮮箬葉售賣，母親每次買

1

2

3

4

1｜母親為包粽子準備的原料

2｜包粽子的步驟 1

3｜包粽子的步驟 2

4｜包粽子的步驟 3

入一批，用不完的可以曬乾保存，待年末包過年粽子時再用。

忙碌了一整天，到晚飯後母親就要開始煮粽子了。我家有一個巨大的三芯煤餅爐，每次用九個煤餅，點燃後火力十足，煮粽子自然要它出馬。另有一煮粽子的大鍋，此鍋放在煤餅爐上高高聳起，大爐子加大煮鍋，足足比七八歲的我高出一個頭。母親將粽子一個個排列進鍋中，然後倒清水淹沒之，隨後開火。水沸騰後需要再煮上兩個多小時，煮的過程中還要時刻翻動上層的粽子，讓它們受熱均勻，不然會出現內層糯米夾生的現象。煮粽大鍋一沸騰起來便噴射出漫天水霧，在夜空中讓燈光也蒙上了一層朦朧。每年我都發誓要醒著吃上第一口新鮮出爐的粽子，但母親煮完粽子一般都十點鐘打後了，我早已昏昏然睡去。

不過這第一口粽子母親每次都留給我，她會將煮好的粽子挑一個形狀好看的，剝開後待溫度適宜就來叫醒我，讓我品嘗這當年的第一口鮮肉粽。但我睡眼惺忪，如何還能嘗出什麼味道？每次這第一口粽都如囫圇吞棗不解其中滋味，全程連眼睛都難以睜開，一吃完又即刻去見我的周公了。第二天起床，早飯自然是昨晚煮好的粽子；糯米冷卻後會回生，但只需在滾水裡再煮二十多分鐘就可食用了。這才是我清醒時品嘗到的第一口粽子滋味，糯米被融化的豬肥油浸潤，香糯潤口，肉餡已極入味且鬆軟，讓人食欲大振，我每次都要吃上兩大個才去上學。

端午之後天氣越發炎熱，九十年代初期我家沒有冰箱，粽子只能先晾在儲物間的陰涼處。第二天母親就會聯繫親朋好友來家裡取粽子，各家分一點，新鮮出爐的粽子也就所剩無幾了。

母親包的肉粽，右邊這個在打開粽葉時折損了尖角。

關於煮粽夜的回憶絕不止端午一節，嵊州人一年要包兩次粽子，各家各戶包最多粽子的日子絕非端午，而是農曆新年。冬日寒冷乾燥，粽子容易保存，走親訪友時又可做年貨，因此相對於過年時包的粽子數量，端午節的粽子多有意思一下的嫌疑。

我問遍家中老人，無人知曉這過年包粽子的習俗是何時開始的，總之我外公外婆年幼時已是如此，此俗至少在清朝已經形成。晚清陳作霖（1837-1920）所著《金陵物產風土志》中提到「食之以時，唯令節為最備。……採蘆葉裹糯米為三角形，或雜以紅豆，或雜以臘肉，謂之粽。粽，角黍也，是不獨端陽食之矣。」可見當時南京也有過年包粽子的習俗。

年關附近包的粽子可放置在陰涼處保存很久

包粽子是嵊州人過年準備工作的一部分，一般會提前好幾天開始。我家會用端午時曬乾保存的箬葉，用清水一浸，灰黃乾枯的箬葉竟復現墨綠色澤，包製過程中對箬葉進行摺疊亦不見乾裂。過年的粽子種類和端午時並無二致，只不過在數量上可真要翻一番了。因此母親晚上煮粽子的工作量也增加不少，有時候實在太忙，她會讓姨媽們來幫忙一起包。九十點鐘煮完第一鍋後，還要緊鑼密鼓接著煮剩下的，在煮第二鍋的時候，她會將第一鍋的粽子用竹竿一個個晾起，掛到儲物間的陰涼處。照例母親會在第一鍋粽子煮好後讓我第一個品嘗，我照例在半睡半醒中不解其中味。第二鍋粽子煮完，往往已近午夜，夜色寂寥，小城早已入眠。

當年在北京，端午想念母親的粽子，只好遠程討教後，自行包製。

細想起來，十八歲離剡赴京求學，竟再未慶祝過一個像樣的端午節。讀研究生時，我和 W 小姐住在宣武門一帶，租的房子雖不大，卻有尚可堪用的廚房，於是有一年端午我打電話給母親細問了粽子的包法，自己依樣畫葫蘆包了一回，才發現這小小粽子有如此多竅門，要包得美觀又美味實屬不易。

工作後，端午節過得更少了，有幾年雜事纏身連粽子都沒時間去買，雖然偶有朋友相贈的嶺南粽子，但其與浙地的大相徑庭，吃完更加意興闌珊了。粽子都難顧及，更何況香袋艾草菖蒲雄黃之儀了。回想起那些母親用大鍋煮粽的夜晚，箬竹的清香在熱氣的蒸燻下升騰蔓延，讓整個老宅都浸潤其中。那些我在睡眼惺忪中品嘗過的頭口粽子也成了童年端午和新年難以抹去的美味記憶，即便當時不知，如今回想起來，仍會為此莞爾一笑。

註

1 本篇寫於 2025 年 3 月 2 日。
2 戚雅仙（1928-2003）：浙江餘姚人，生於上海，越劇「戚派」創始人。
3 三界為嵊州下屬一鄉鎮。
4 唐《藝文類聚》引晉代周處《風土記》。

毛蟹往事

1

河蟹有股特殊的香氣，我小時候並不愛；
毛蟹肉又不及海蟹多，吃起來麻煩得很，
因此每次都是母親迫著我吃。忽然有一天，
不知怎麼開了竅，我也能品出這毛蟹的好處來了。

我不知從何時起養成了藏書的惡習，雖自認為買的書都是想讀的，但從中學開始已經積存了不少買而未讀的書。其中有一套便是浙江文藝出版社的《豐子愷文集》。我對豐子愷的認知極為淺薄，未仔細了解過他的生平，連他翻譯的《源氏物語》也只看了三分之一。不過前幾天看了他薄薄的一本《緣緣堂隨筆》，因而對他的文字和思想有了興趣。從這十數篇散文中看不出豐子愷全部的思想，但可以感受到他對生活有著十分的熱愛，從這熱愛出發又生出許多不同於常人的獨到見解。不過最讓我產生共鳴的是他在文章中零散提到的一些吃食。

豐子愷出生於浙江崇德縣石門鎮（現屬桐鄉），石門古時為吳越之界，屬浙北，而我家鄉嵊州在浙東，但兩地實際距離不過一百多公里。一省之內，很多飲食習慣都是相似的。他在

小菜場賣毛蟹按大小標價，按斤售賣，而不按隻。

《緣緣堂隨筆》中提到的大閘蟹、臭豆腐乾、黴千張、煤年糕等等都勾起了我的思鄉之情。因而想借此發揮，聊聊一些家鄉的吃食，以慰藉這飢腸轆轆的思鄉胃，今日就先說些毛蟹往事吧。

毛蟹的學名為中華絨螯蟹，但其全國通行的名稱早已變成了「大閘蟹」。大閘蟹這一名稱來自上海或蘇南，至於為何毛蟹被稱為大閘蟹，眾說紛紜，莫衷一是，今日我懶得深究，畢竟我們嵊州人從不會叫毛蟹為「大閘蟹」。毛蟹顯然是更準確的名稱，因其螯上有灰黑絨毛。現如今「大閘蟹」則成了陽澄湖、太湖一帶所產毛蟹的專名，這是後話了。豐子愷在《憶兒時・二》中寫全家中秋賞月品蟹，雖然最後的結論是人類為滿足口腹之欲，犯了殺生罪孽，但從其對父親吃蟹的描述可以看出江南人對毛蟹的熱愛。

自我有印象起，母親便是家裡吃毛蟹的主力。因為母親愛吃，每逢秋蟹肥碩時，父親總要隔三差五買毛蟹回來。小時候我並不愛吃毛蟹，覺得黑毛藏污納垢，是洗不乾淨的。而且河蟹有股特殊的香氣，我小時候並不愛；毛蟹肉又不及海蟹多，吃起來麻煩得很，因此每次都是母親迫著我吃。忽然有一天，不知怎麼開了竅，我也能品出這毛蟹的好處來了。現如今更是一到秋天便惦記著毛蟹。這種經歷也發生在香菇和香菜身上，有很長一段時間我是不吃這兩樣菜的，但突然有一天卻愛吃了，其中的原因連我自己都不清楚。

母親和姐姐都愛吃三角臍的公蟹，裡面有糯軟的膏；而我小時候則愛吃圓臍的母蟹，因為那時候相對於膏我更愛黃。蟹膏和蟹黃究竟是什麼我並未探究過，只是從小聽大人說膏是公蟹的精液，而黃自然是母蟹的卵了。這個說法雖不準確，但也不能說錯，因為膏主要是精巢，黃主要是卵巢。然而，有些時候公蟹也有黃狀的物質，其實是牠的肝胰腺。母親常笑我不懂吃毛蟹，蟹黃蒸熟後發硬膩口，哪有蟹膏來得香滑鮮甜？後來突然有一天，我明白了母親當年說的三角臍的好處，我也成為了蟹膏的擁躉，也許對一些味道的欣賞確乎是後天習得的。

豐子愷在文中寫道：「父親說：吃蟹是風雅的事，吃法也要內行才懂得。先拆蟹腳，後開蟹斗……腳上的拳頭（即關節）裡的肉怎樣可以吃乾淨。臍裡的肉怎樣可以剔出……

腳爪可以當作剔肉的針……蟹上的骨可以拼成一隻很好的蝴蝶……」

誠然，毛蟹是需要仔細食用的，好的毛蟹每一部位的肉都十分飽滿。但在家鄉，質量堪比陽澄湖的毛蟹，價格要低許多，而市井人家一到毛蟹季節常常每日都食用，大家自然不會如此講究吃蟹的過程了。不過，無論吃多少毛蟹，如果連蟹腿裡的肉都吃不乾淨，那肯定是要被行家裡手嘲笑說不懂吃蟹的。再粗野的鄉鄰，吃起毛蟹來也變得文氣了，不過每個人都有自己的吃蟹方法，毋須拘泥。

我一般先拆蟹斗，除去蟹身上的肺、胃及其他內臟，尤其是六邊形的心臟據說最寒，一定要剔除。之後，我會將蟹身一折為二，膏黃一般都在蟹身中央位置，折斷後膏黃盡露，我會先吃這一部分。膏黃用陳醋、薑末調和的蘸料調味，滿滿一口，鮮香誘人。再吃蟹斗，因為團臍的蟹斗兩側角落裡一般有較多蟹黃，往蟹斗裡倒上點薑醋，用筷子將蟹黃從蟹斗的角落裡掏出，和好蘸料後再吃，那一大口蟹黃的味道簡直是文字難以描述的，唯有親自品嘗過才知道這味道的奇妙。一到蟹季，很多飯館都會做蟹粉豆腐這道菜，然而真正用足量蟹粉製作這菜的館子少之又少。有良心的館子可能還用鹹蛋黃或蟹黃醬濫竽充數一部分，無良老闆則直接用些蟹黃粉胡弄食客，實在給毛蟹丟了臉。不過一分錢一分貨，足量蟹粉做的蟹粉豆腐自然好吃，價格也絕不可能低廉。

吃完蟹身的膏黃和蟹斗裡的寶之後，便可以吃蟹肉了。吃蟹肉時，一大口咬下當然爽，但很多肉可能隨著蟹殼被一同吐

上｜我在家蒸製的毛蟹

下｜拆開後膏黃飽滿

出，因此不如小口品嘗將肉吃得乾淨些為佳。我最後吃的往往是蟹腿，好的毛蟹，腿部也全是肉，掰下蟹爪，在關節處咬一破口，若蒸煠得當，使勁一吸，整條蟹腿的肉都能絲滑吸出。這是我最喜歡吃的部位，肉質緊實，吃起來又如此方便、痛快。認真吃一隻毛蟹是需要些時間的，但也絕不像一些人宣傳的那般繁文縟節，尋常人家吃蟹更不會用上任何工具，一對筷子足以，所謂蟹八件多有裝模作樣之嫌。

然而，毛蟹產於長江中下游，因此並不是每個江浙人都懂得欣賞的。大學時有一年中秋，我約了一桌浙江老鄉去吃家鄉菜，拿了十數隻肥美的陽澄湖大閘蟹請大家吃。當大家動手專心吃起毛蟹時，有位麗水老鄉一下子就吃完了，一看，她只把蟹腿啃了，整個蟹身都沒有動，甚至蟹背都未開，實在讓人詫異。她說家裡從不吃毛蟹，自己也不愛吃，更不知如何吃。後來她剩下那一隻完整蟹身被一個寧波老鄉解決了。現在想想，那位老鄉來自浙西，不吃毛蟹也十分正常了。

飲食習慣多是從小養成的，很多自覺簡單易行的事，對不熟悉的人而言卻無比困難。前年中秋，我拿了些陽澄湖大閘蟹請幾個非蘇浙滬地區的朋友吃，等我教完他們如何吸食蟹腿後，他們仍不得要領，一個個都吸不出來，面面相覷。大家都甚覺尷尬，害得他們連第二隻大閘蟹都懶得吃了。

吃毛蟹外，蒸煠毛蟹自然也有方法。早晨將鮮活的毛蟹買回家，養在清水裡，任其吐納；等到晚上時，髒污吐得差不多了便可以下鍋蒸了。用繩綁好蟹腿，鍋內水燒開後，將毛蟹背朝下放置，根據毛蟹重量確定蒸製時間，一般三兩的毛蟹蒸製十至十五分鐘即可，四兩以上的則蒸十五至二十分鐘左右。綁蟹腿是為了不讓毛蟹因為掙扎而導致蟹腿脫落，背朝下則是為了讓膏黃都流向蟹斗，方便食用，又不會使汁水流走。當然，更講究些就用紫蘇葉一塊蒸，但普通人家決計不會次次這麼講究的。我母親更是豪放，家裡人多，又沒有大蒸籠，每次吃毛蟹少說一人也要兩隻起，那得蒸到猴年馬月呢？因此我家吃毛蟹多為煠熟，當然為了讓螃蟹少掙扎，可冷水下鍋。

當然毛蟹也可有其他做法，譬如六月黃炒年糕、花雕蒸毛蟹都是極其美味的。這些做法凸顯的是廚師調味控制火候的技巧，而蒸煠則讓毛蟹本身的鮮美表現得淋漓盡致，兩者各有妙處。

這幾年大閘蟹價格猛漲，尤其這名號也成了陽澄湖的專利。但仔細想想，全國如此大的需求量，小小一個陽澄湖如何產得出如此多的毛蟹？於是便有了「洗澡蟹」之類讓人啼笑皆非的產物。其實何必將一物種如此品牌化、地域化呢？整個長江中下游都盛產毛蟹，本地毛蟹質量好的也十分多，如何就能說陽澄湖的是絕對最優的呢？食材往往是個體狀態最關鍵，迷信產地是笨伯之舉。

不過身在北京，我確實不太敢吃菜市場上賣的毛蟹，有很多來路不明的毛蟹，看樣子不錯，蒸熟了才知上當受騙。我曾經有一次禁不住買了幾隻，蒸好後水汪汪的，打開蟹背，空無一物，蟹肉都散爛如水，還帶苦味。不知道無良商家對這些毛

我家中有一幅高馬得的《蟹》，正是黃酒配毛蟹，好不愜意。

蟹做了什麼手腳，莫非這批毛蟹都橫紋肌溶解了？

毛蟹是寒物，尤其蟹心據中醫說乃大寒之物，一定要摘掉；而蟹胃容易有細菌和毒素，也要仔細剔除。因為蟹寒，所以有了吃蟹喝黃酒及紅糖薑茶的習俗。我父親愛喝黃酒，每天晚飯前無論吃蟹與否，都要小酌一碗，因而我的童年記憶是充滿酒香的。大大小小的節日，黃酒都是少不了的，甚至燒菜我們都要用加飯酒佐味。對我而言，黃酒和毛蟹已經成為了家鄉秋日的永恆回憶。因此每每看到關於這兩者的文字或藝術品，心頭總會一暖。

註

1　本篇寫於 2013 年 5 月 17 日，於北京；修改於 2025 年 4 月 1 日，於香港。

秋收冬藏

1

秋季雖是豐收的季節，但離不開冬日的儲藏加工，
唯有細緻做好這儲藏工作，才能在漫長濕冷的江南冬日
裡延續豐富美味的飲食生活。
這些順時而為的生活智慧代代相傳，
在我兒時仍指導著嵊州小城居民的日常生活。

剡城的氣候是四季分明的典型亞熱帶季風氣候，一年四季恰好各分三個月，每個季節都悠悠然來，又舒舒然將自己的個性充分展示一番，才徐徐退下。似乎春夏秋冬互相有了默契，誰也不搶誰的風頭，你方唱罷我登台。而孩子們總能在各個季節裡找到自己的樂趣。不過，如果硬要我挑一個最愛的季節，那一定是剡城的秋。

此處說的秋並非指立秋之後，因為剡城的夏天並不會在八月初結束，立秋之後天氣依然十分炎熱，甚而處暑過後也還有反撲的「秋老虎」，暑氣可不會老老實實在八月末就褪去。真讓人有秋高氣爽之感的日子大約要在白露之後，此後一個月的時間是讓人最覺舒適的。夏日餘威漸褪，早晚的天氣漸漸涼了下去，但遠未至於寒冷；午間的氣溫依然不低，但日頭已不

再火辣；晝夜的溫差尚未拉開，一件單衫可從早穿到晚，不需要如春日乍暖還寒時候那般添衣減衣。父親時常說要「春捂秋凍」，母親也說天氣雖然開始涼下來，但別著急加衣服。他們的這些念叨我一直記在心裡，直到如今我也還遵循著「春捂秋凍」的穿衣原則。

白露過後，街上大家穿的衣服從短袖變成了襯衫長袖，但初秋天氣依然暖和，本著「秋凍」的原則，母親並不急於給我加衣服。秋風拂面未有寒意，只是變得涼爽一些，空氣亦不似夏日般潮濕黏稠，秋天一到，真有一種連呼吸都變得更輕鬆順暢的感覺。小城的色調也開始變得暖暖的，橙黃紅三色逐漸取代翠綠為主的夏日色彩。桂樹開出了小小的黃白色花朵，樣子雖不起眼，路過的行人卻定能聞到一股濃郁的芳香，此香雅致，久聞不厭。桂花的香氣如同秋日的氣味信使，它讓人心頭一醒，知道秋日確乎是到了。街道兩側，原本蒼翠欲滴的法國梧桐樹葉開始轉黃，樹梢長出了一串串球形的棕褐色果實，風一吹，梧桐樹上落下幾片黃葉來，偶爾還帶落了毛茸茸的果實。各種樹葉漸漸黃落，也意味著各類美味果實徹底成熟。

夏末秋初的時候，嵊州的葡萄就上市了，每每見到葡萄上市，就知道夏天快要過去。葡萄雖不算嵊州的特產，但種植歷史悠久，《剡錄》記載「越剡間多碧葡萄」，可見宋代時剡地已產葡萄。我小時候，各鄉鎮都有零星種植葡萄，但品種已主要是中華人民共和國建立後才引進的巨峰了。小時候最常吃的是紫黑色的巨峰品種，顆粒大，皮厚肉飽滿且多汁，葡萄皮清

橘子樹已開始轉黃

洗乾淨也可食用，有一股特別的清香，我小時候就經常「吃葡萄不吐葡萄皮」；這葡萄的果肉雖甜但尾韻帶點酸，吃多了也不覺得甜膩。後來見識到各種各樣一味追求甜度的葡萄新品種，吃兩顆就覺齁甜，我向來認為以甜度論英雄絕對不是培育水果的妙法。在嵊州，我們稱皮薄難剝的無核脆肉葡萄為提子，肉軟多汁有核的則為葡萄，兩者區分得甚清晰，後來搬來香港居住，才發現粵語區所有葡萄一律都叫提子，中國地域文化差異之大可見一斑。

葡萄落市後，就是吃橘子的時節了，而秋天也終於徹底到來。小時候我酷愛吃橘子，還沒等到橘皮黃透，父親就已經從市場上買碧綠的青皮橘子給我嘗鮮。那時候的青皮橘子可不是帝王柑這種外表看著碧綠不好惹，實則果肉非常多汁甜蜜的品種，本地青皮橘子那綠得發黑、油光鋥亮的樣子似乎是在警示一切想吃它的人：小心酸掉牙齒！不知是遺傳了父母兩邊誰的基因，我很愛酸味，耐酸能力也頗強，未熟的青皮橘子照吃不誤。相對於甜得驚人的黃岩蜜橘，我更愛甜中帶酸的本地蜜橘。根據宋代《剡錄》的記載，嵊州以前不產蜜橘，宋代才開始種植培養，據說在宋代已有「風味不減黃岩」的美譽。

父母知道我最愛吃橘子，所以到了橘子黃熟時節，家裡會不斷購入新鮮橘子，一直從秋季吃到來年開春，橘子落市為止。本地蜜橘皮較薄，熟透時剝皮易傷到果肉，而果肉汁水又多，一不小心就飛濺到衣服上，母親常說橘子漬搭[2]難洗，看到我衣服上星星點點的橘子汁水污漬，她的臉立馬陰沉了下來。後來有了較易剝皮而果肉更爽脆的蘆柑，以及個頭雖小卻甜度很高的砂糖橘，每年秋冬家中儲備的橘子品種也越發豐富，而我來者不拒，寒假在家更是吃個不停，常把雙手吃到焦黃、嘴上吃出口瘡都不停歇。

在嵊州老城區，芸香科柑橘屬植物常作為庭院中的觀賞植物，門前屋後也常見柑橘屬的植物。記得孝子坊路上去有幾處老宅，門前院內都種有柑橘植物，我對一株年歲久遠的香泡樹印象很深。嵊州人說的「香泡」即是枸櫞，也有叫香櫞的。說回這株香泡樹，它的樹幹粗壯挺拔，枝葉肆意向四周伸展開，深綠茂盛的葉子給人一種靜謐感；到了春末夏初，香泡樹開出白色的花，遠看猶如黑夜中的點點星辰，清風一吹，路過的人

一些老宅裡常種著芸香科樹木

都可聞到一陣沁人心脾的幽香。到了秋天，這香泡樹結出纍纍果實，每次路過我都仔細觀察那一顆顆較文旦小但比橘子大許多的果實，隨著時間推移，果實由青綠轉為明黃色，看上去頗為誘人，讓人忍不住就想去摘一顆。但母親說這是別人家的樹，不能隨意摘取。我小時候常在孝子坊至鹿山公園一帶玩耍，每次秋天時路過這香泡樹，總要仔細觀察一番枝頭的果實。後來，我發現這些果實到最後都無人採摘，主人家任由它們熟落在地。我想，既是人家不要的，那我撿去也不算偷，於是就去地上挑選品相完好的帶回家，並提前跟母親解釋清楚。

我小時候以為這香泡也和文旦一樣香甜，沒想到香泡的皮又硬又厚，非常難剝，裡面的果肉又十分酸澀，嗜酸如我者都吃不下去。那時候我還沒接觸過檸檬，自然不知道這香泡是檸檬的祖宗，母親看我被酸得皺眉，不禁大笑說，這香泡是拿來給屋子添香裝飾的，它的皮也可做果醬和蜜餞，誰會吃它的肉呢？我一聽才恍然大悟，怪不到母親把香泡買回家只這樣放著，任其漸漸乾枯下去，原來所需的只是它的清香而已。

說到文旦就要多提幾句。文旦是中國原產的水果，已有幾千年的種植史。它的成熟時間較蜜橘為晚，要到中秋之後才最美味。不過，嵊州不產文旦，浙江省最出名的文旦產地是玉環。我沒有研究過玉環的文旦種植史，但自我有印象起，嵊州人一提文旦必說玉環。我母親一到深秋就愛買玉環文旦吃，我曾以為「玉環文旦」是個品種名，後來才知道，玉環是台州代管的一個縣，距離嵊州有兩百多公里。九十年代的公路網遠不及現在發達，浙江又多丘陵，彼時從嵊州驅車前往玉環要開四五個小時車，在我兒時的印象裡，玉環是個非常遙遠的存在。

我家老宅隔壁一戶人家的女兒在外地工作時認識了個玉環男人，於是「遠」嫁去了玉環。有一年她邀請我們全家去玉環遊玩，父親說要做生意走不開，我要上學沒法請假，最後母親一人與隔壁一家驅車去了玉環。等母親回來，我急著問她玉環當地吃到的文旦是不是更好吃？母親說現在剛入夏，哪有什麼文旦，要等中秋過後文旦才熟了呢。如今想來，我對時令物產的印象便是在一次次和大人們的無心閒聊中建立起來的。

玉環文旦個頭較台灣文旦要大許多，圓圓胖胖有些扁身，皮雖厚但肉非常飽滿，肉色淡黃，絲絲多汁，一口咬下去清甜得很，我至今都認為那是一種東南亞柚子比不上的雅致甜味。

不過在香港只買得到台灣文旦，雖然遠不及玉環文旦好吃，但我也時常買來一解鄉愁。

記得小學前有段時間，我們不知為何搬離老宅住去了另一個老台門，這台門也在市心街上，離老宅並不遠。我已記不清當時全家人在那台門裡住了多久，但我清楚記得台門院子裡有一株高大茂盛的石榴樹。相較一般石榴樹，此樹更粗壯更高大。這樹也不知是何人何年栽種，想必是老宅當年的主人種下，我們入住的時候早已人面桃花，不知故人去向了，這樹也就成了一株無主野樹，唯有老台門裡來來往往的租客偶爾照料之。夏天時，這石榴樹開出滿滿一樹的紅花，顯得分外耀眼。到了秋天，花落果生，只見那小石榴一天大過一天地成熟起來，到後來這些石榴果長得比成年男子拳頭還大，沉沉地垂落下來，在枝頭隨風輕搖。

我和姐姐看到這無主野樹上的石榴，總想去摘幾個嘗嘗，可惜這樹較一般石榴樹都高，我倆根本摘不到。不過通往二樓的樓梯間有一扇窗，不僅正對著這株石榴樹，且與其繁茂的枝葉靠得很近，姐姐靈機一動，讓我爬出窗去摘石榴，她則在後面緊緊抱住我的雙腳以防我跌落。真是「富貴險中求」，我們靠這方法確實摘到了不少大石榴。這石榴也不辜負我們的努力，一剝開就見一粒粒飽滿的大果肉，晶瑩剔透，色如凝脂微帶粉黃；待剝出一把，一下子放進嘴裡更覺果肉清甜，汁水豐盈，沁人心脾。只可惜石榴粒粒有籽，不能直接吞咬，抿完甜水後還要吐出一團細籽，兒時的我哪有這等耐性？吃上幾口後

石榴也掛上了枝頭

就嫌麻煩，不願再吃了。後來那老台門被拆，我們重新搬回了老宅，那石榴樹也不知何年何月遭人砍伐。物是人非，只剩下兒時冒險摘石榴的回憶留在心中。

到了深秋，毛蟹上市，我母親最愛吃毛蟹，當造時我家幾乎天天吃蟹。而紅燦燦的柿子也到了最佳時令，但母親說，蟹和柿子雖都好，但不能同吃，因為兩者皆涼，吃多了容易拉肚子。後來我才知道，不僅是因為兩者都涼，還因為柿子裡的鞣酸會和螃蟹的蛋白質結合，形成不易消化的沉澱物，造成腸胃不舒服。關於毛蟹我寫過太多文字，不再贅述，此處只說嵊州的柿子。嵊州絕不是什麼柿子的名產地，但一到秋天市面上到處都有甜柿子賣，一片片紅潤扁圓的柿子鋪排在店舖前，在秋日暖陽下格外耀眼。那時候的柿子都是熟透的軟柿子，我在很多年後才第一次吃到脆柿。熟透的柿子買回家後，只需將果皮咬開，用嘴一吸，綿軟多汁的果肉就出來了，熟透的甜柿一般沒有硬核，偶有軟核也可一併吃下，甚至懶得吐皮兒時，只要柿子洗乾淨了，連皮一同吃下也無妨。我母親愛吃柿子，我也就跟著一起吃，但我小時候脾胃弱，吃兩個柿子就容易拉肚子，因此柿子總給我暢通腸道的印象，不敢多吃。

秋天的果實太過豐富，簡直說之不盡，除了這些，還有嵊州的秋白梨和黃樟梨也值得一提。秋白梨和黃樟梨，兩者一淡黃一土黃，一上尖下粗一形如蘋果，味道上一鬆脆多汁一味甜肉密，區別非常大。民國時期，嵊州梨的年產量最高可達四點二萬擔[3]，在當時已遠近聞名。可惜我天生對蘋果和梨的興趣一般，母親偶爾削皮切塊，我才吃上幾口。不過秋白梨在秋乾氣燥的時候頗利於喉，偶爾吃上幾口也覺得有去熱降燥的功效。

有一樣水果，常被人誤解為外來貨，其實它是標準的土生土長種，那就是獼猴桃。我小時候以為嵊州不產獼猴桃，直到某年秋日去外婆家，她從山裡摘了一竹籃毛茸茸的棕色小水果給我吃，我問這是什麼？她說，這叫藤梨。我一看這藤梨的外表，與獼猴桃頗為相似，但個頭只有一般獼猴桃的四分之一；我剝開皮，看到裡面的果肉呈青綠色，香氣宜人，一嘗才發現這就是野生的獼猴桃！不知為何，外婆村子裡無人種植藤梨，大家都是在秋天時去山上採摘野生的果實。野生藤梨成熟後，

金鈎銀鈎

肉質綿軟多汁，鳥兒和小動物也愛吃，因此常看到被小動物叼得千瘡百孔的藤梨掛在樹上。這小小圓圓的野果改變了我對獼猴桃的固有印象，藤梨的清甜芳香至今難忘。如今外婆去世多年，也不知道何時能再回山裡採摘野生藤梨了。

外婆村的山裡一到秋天，除了藤梨，還有金鈎銀鈎可採，那也是我小時候愛吃的野果。嵊州人所謂的金鈎銀鈎即是拐棗，學名枳椇。枳椇可食用的部分是它肥大的果序軸，其形狀歪歪扭扭很不規整，新鮮時顏色偏金黃，乾癟後呈深棕色。金鈎銀鈎是秋天嵊州孩童們必吃的野果，即便不回外婆家去，在老城街頭也可看到大量農民售賣新鮮金鈎銀鈎的，我們都是一人一束如棒棒糖般抓著吃。金鈎銀鈎成熟時有濃郁的香氣，過

煮好的栗子十分香甜

熟的話則有淡淡果物發酵的臭氣，像熟透了的木瓜之類的味道；其口感爽脆，甜度很高，只可惜果肉薄，只能咬幾口抿出點甜汁，不過這點甜味已足夠小孩們解饞用的了。

深秋時，栗子也熟了，嵊州人稱板栗為大栗，秋天時家家必做水煮栗子或糖炒栗子。母親愛吃栗子，因此一到深秋，父親幾乎天天都買新鮮生栗子回家。家裡處理栗子以簡便為主，最常用的方法是水煮。水煮栗子前要先在栗殼上切十字刀，然後用水將栗子稍事浸泡，最後用滾水煮二十至三十分鐘即可食用。母親煮栗子頗有經驗，放的水量恰好，每每煮到水枯栗乾就可以出鍋了。嵊州的栗子香氣濃郁，煮後肉質綿軟鮮甜，是讓人一吃就停不下嘴的秋日零食。

既然栗子叫大栗，想必還有小栗子，確實如此，嵊州還有一種名為珠栗的小栗子，個頭只有櫻珠那麼大，色澤較大栗更為深棕，看上去油光鋥亮，好似小巧克力球。這珠栗學名叫錐栗，長江沿岸乃至嶺南都可見。珠栗雖小卻甜味十足，較大栗更為甜糯；由於珠栗太小，開殼麻煩，我都帶殼吃入，只需用牙齒將肉擠咬出來，再將空殼吐出即可。

秋日的細節不單體現在時令物產上，還有一個個歲時習俗也在提醒著人們季節的輪轉。農曆七月半常與白露節氣相近，過了中元節，秋意也就漸濃了。

我小時候，家中一年有三次祭祖的節日，清明寒食自不用說，還有中元節和冬至都是嵊州人十分重視的祭奠亡靈的日子。嵊州人過中元節叫「做七月半」，因要祭拜祖先焚香祝福燒紙錢，所以大家都戲謔地稱之為「講造話」，在嵊州方言裡「講造話」即為「撒謊」之意。據《縣志》記載，舊時嵊州三界、蒼岩[4]一帶還有中元節放水河燈的習俗，不過我小時候這一習俗已消失了。

我向來知道七月半是很嚴肅的節日，但也知道七月半的晚餐會非常豐富，因此一直很期待這「鬼節」的到來。當天，母親要燒一大桌的菜，父親也會比平日更早收舖，七月半的夜晚是不好隨意出去閒逛的。吃飯前，全家人要在飯桌前擺好燭台香爐，兩支紅燭先燃起來，再一人領上三支清香點燃，全家人依次到飯桌前拜祭先祖，祈求先人保佑子孫後代們平安喜樂，然後眾人將香插進香爐裡。下一步是焚燒佛經紙、紙錢和紙元寶，為逝去的親人送上人間發出的祝福。小時候我最愛燒紙錢，因為這是為數不多可以名正言順地「玩火」的時刻，但燒紙錢講究技巧，要保持內部空氣充足，不至於堆疊得太密導致紙錢沒燒完火就滅了。焚燒後的紙錢灰燼輕如鴻毛，屋裡無風也能輕盈地飄起。母親常說，紙錢灰燼飄起說明先人已收到冥禮，他們會保佑我們的。不過，祝福傳遞到先人處固然重要，但為了不讓飯菜沾染到紙錢灰燼，母親還要十分小心地關注灰燼的走向。所有步驟完畢後，母親會將盛有佛經紙錢灰燼的銅盆放到門口，並將蠟燭和清香插到老宅門邊的泥土裡任其焚燒殆盡。儀式完畢後，我們一家人就開始大快朵頤了，剛才講的造話也似乎拋到天邊雲外，只有眼前的家人和美食才是真實的存在。

中元節後一個月便是中秋了，中秋過後深秋將至，每日早晨晚間的寒意也逐漸加重。中秋節是一家團圓的日子，也是吃月餅送月餅的時節。我小時候，嵊州常見的月餅有兩種，一是個頭碩大的五仁月餅，一是層層酥皮薄如蟬翼的烏豆沙餡或椒鹽餡的蘇式酥皮月餅。那時候的五仁月餅個頭很大，一人一個絕吃不下，因此母親會將一個大月餅一切為四，每人拿一塊嘗鮮即可。但我小時候不喜歡在綿軟的餡料裡吃到硌牙的堅果，因而對五仁月餅無甚偏好。

不過剛出爐的蘇式酥皮月餅就完全不同了。中秋臨近時，一些副食店就會開始售賣每日現烤的酥皮月餅，客人可按個買了嘗鮮，也可按筒購買帶回家或送人。所謂一筒，便是將烤好的月餅以十個為一包，用油紙包裹成圓筒狀。剛烤好的酥皮月餅最是誘人，遠遠就能聞到酥皮和餡料發出的香氣，包裹月餅的油紙因沾了油而顯得透明，隱隱綽綽顯出薄薄的酥皮和月餅上的紅印來。我若跟著父親去小菜場買菜，路上看到新鮮出爐的酥皮月餅就挪不開腿了，父親每見此景就會給我先買一個解饞。我手拿著熱熱的酥皮月餅忍不住在路上就吃了起來，一口咬下去，極薄極酥的餅皮如冬雪般碎落下來，引來幾隻小麻雀在我身後啄食掉落一地的碎屑。酥皮月餅的正面敲了紅印，我已記不清上面的圖案或文字，總歸是些好話；月餅皮又薄又酥，豆沙餡香濃甜蜜，裡面還混有少許糖漬金橘碎，是用來平衡烏豆沙的甜膩的；椒鹽餡鹹香可口，透著濃郁的芝麻香氣，連我這個不愛吃甜食的小朋友也能一口氣吃上兩個。

栗子上市時也往往是重陽節前後，這也意味著秋意越發濃了，而冬天的步伐也緩緩到來，空氣中的暖意越來越少，寒氣逐漸侵入，但這個過程是緩慢不暴虐的，我想這是江南秋冬的溫柔。在北京讀書時，總歎秋日太過短暫，十月一到北風起，冬天就來臨了。嵊州的秋日則沒那麼快結束，一直到立冬才寒意漸濃，立冬之後身上的薄外套就穿不住了，早晚要穿上厚外套禦寒才可。

很多北方朋友到了浙江，最怕的就是濕冷的冬季，因為沒有暖氣。我小時候家中也根本沒有地暖之類的取暖裝置，晚上鑽入被窩那一刻是最痛苦的，好在有電熱毯和熱水袋護持。但電熱毯容易短路造成火災，因此我家仍以熱水袋取暖為主；熱

上｜農村的曬穀場

下｜晚稻也成熟了

水袋要用布袋包裹好，不然熟睡時容易燙傷身體。香港的冬天雖也有濕冷的日子，但氣溫總歸是在零度以上徘徊的，且寒冷的日子有限；浙江是一年四季最分明的省份之一，秋日既長，冬天也要過足三個月才回春。

對於老城的人而言，若秋天是收穫的季節，那冬天就是收藏的季節。雖然冬日萬物凋零，但正是食物儲藏加工進行得如火如荼的時候。而且冬天雖然濕冷難受，但冬節新年連番登場，對孩童而言，各種美味和節慶儀禮帶來的快樂頗可抵消天氣的折磨。

冬日一到，農村裡就要開始打麻糍（年糕）了，而母親則要開始醃製各種鹹菜和製作鹹肉了，這是跨季節調配食材的智慧，也是增加食材風味的妙法。冬日的水適合做榨麵，因此冬天也是榨麵廠十分忙碌的時節。冬日是小城非常忙碌的季節，這熱火朝天的食品儲藏和加工活動令冬日顯得不那麼濕冷難耐了。

一入冬，各種蜜餞乾果就紛紛上市了，常見的有糖漬金橘、蜜棗，新曬柿餅和當年新炒製的香榧。我小時候，金橘遠未被改良成現在這樣皮肉綿軟甜蜜無籽的狀態，雖然冬季是金橘的時令，但我每看金橘都繞道而行，因為那時候的金橘不僅皮硬肉少，而且吃入嘴裡氣味刺鼻味道也酸澀，運氣不好時，還常吃到滿肚子都是籽的貨色，真是讓人懊惱。但一做成糖漬金橘，它的味道就柔和平衡許多，還有柑橘類獨特的清香，是泡水飲用的好選擇。彼時家裡來親戚朋友時，常以金橘或蜜棗

冬天醃製的鹹肉開春時可與春筍同蒸，非常美味。

泡水待客。

我家的副食品店也會售賣蜜餞乾果，其中最受歡迎的是柿餅，不過這些柿餅是從熟悉的果農處收購來的，不是我家作坊製作的。以前的柿餅都講究真材實料，果農老老實實曬製，也沒什麼捷徑，優質的柿餅全然是時間和用心的結晶。柿餅表面有一層白白的果糖和葡萄糖結晶，如薄霜般覆蓋在棕色的柿餅上，這白霜有淡淡的甜味，令柿餅更有食趣。好的柿餅一撕開，裡面還是半凝固的狀態，吃進嘴裡沒有人造的甜味，只有天然柿子的香甜糯軟，它的味道甚而比新鮮柿子的更為集中悠遠，吃完後久久留在口齒之間供人回味。

冬天一到，秋日裡收穫的當年新香榧也已炒製完成，逐漸上市了。

世人說香榧，常想到諸暨，其實嵊州自古以來就是著名的香榧產地，宋代《剡錄》寫道：「剡、暨接壤，榧多佳者」，嵊州穀來鎮的呂嶴村素以產香榧聞名。嵊州人偏愛本地香榧，從未聽人說要買諸暨香榧的；我母親更是香榧的狂熱愛好者，她只愛吃本地產的當年新榧，對陳年香榧她嗤之以鼻，謂之香氣消散且有陳味。香榧可說是所有堅果中價格最昂貴者，因其成長週期十分漫長，三千年一開花的人參果是假，但二三十年才進入盛果期的香榧樹可是真的，也就是說從種子開始，培植一株能穩定產出香榧的香榧樹，至少要等幾十年。一般而言，香榧從種子長成幼苗需時三年，再過二十年才能開花結果；成熟的香榧樹從開花到結果還需要三年時間，所謂一年開花一年結果一年成熟是也，故世人謂之「三生果」，因為同一棵樹上常見花果同枝，三代同樹。而且香榧樹初次結果不僅數量少，質量也不穩定，因此市面上受人歡迎的必是老樹香榧。

香榧不僅生長週期長，其炒製工藝也十分繁雜。採摘回來的香榧果實，需要先去皮清洗，再經過晾曬去除多餘水分，之後才能進入炒製環節。小小的香榧炒製完後呈灰棕色，形如紡錐但一頭略大，大頭兩側有兩個如眼睛般左右對稱的小點，人稱「西施眼」。初識香榧者不知如何開殼，有人直接用牙咬，也有人用硬物砸，其實竅門是用兩根手指捏住西施眼，輕輕一擠壓，香榧就乖乖開了口。香榧有一層黑色硬質的果衣，食用前可用果殼將其刮去，不然將果衣吃進嘴裡會有少許澀味。香

香榧

榧肉有一股十分特別且雅致的清香，果肉細膩，油脂豐富且有淡淡甜味，絕非一般堅果可比。

香榧之美味歷來為人稱道，蘇軾在杭州任上曾寫有《送鄭戶曹賦席上果得榧子》，其中提到「彼美玉山果，粲為金盤實」，可見蘇大學士也愛香榧子。南宋林洪的《山家清供》中記載有「東坡豆腐」一味，便是以香榧入饌，不知此菜當初是否真乃蘇大學士發明？

記得本科時，有一年寒假結束返校，我帶了幾包香榧與舍友們分享，我們宿舍一吉林的哥們兒說，這麼巧，我也帶了堅果，美國大杏仁，可好吃了。結果他一吃香榧就迷上了，說這比美國大杏仁好吃許多，以後咱倆交換吃如何？搞得我哭笑不得，也不知道該不該告訴他香櫃所值幾多。

顧祿（1793-1843）在《清嘉錄》中說有「冬至大如年之諺」，與舊時蘇州一般，冬至在嵊州也是一個大節日。雖則冬至離年節不遠，但家家戶戶都十分重視冬至，絕不會馬虎應付。冬至這一天忌口舌，大家和和氣氣；全家人都要回家吃飯，飯前還要祭祖祈福，如前所述，是我印象裡一年三次祭祖的大日子之一。對小時候的我而言，冬至做節又意味著當晚有很多好吃的佳餚。

到冬至日，嵊州的天氣已然一派冬日景象，市心街和北直街兩旁的法國梧桐樹在還沒來得及徹底落葉前，就已被政府派來的園藝工砍掉了枯葉乾枝，現在看上去一根根光禿禿的，一副可憐相。不過待明年回春，法國梧桐自然會重新長出茂密的枝葉來，這本身便是四季輪迴的一部分。

十二月的嵊州，雖然還未下雪，但天氣已經冷得迫使人們穿上厚厚的過冬衣物了。母親生怕我凍著，不僅要我穿上兩件毛衣和厚外套，最裡面還要穿上棉毛衫棉毛褲，恨不得把我包裹得結結實實，像根六穀[6]一般圓滾滾的。嵊州人所說的棉毛衫棉毛褲就是北方人所謂的秋衣秋褲。我小時候不願意穿它，年紀大了些，抗凍能力下降，反而到了寒冷之地就自覺穿上了。人在生命的每一階段對同樣的氣候風土物產都會有不同的感受，這本身也是生命體驗的一部分。

秋收冬藏，秋季雖是豐收的季節，但離不開冬日的儲藏加工，唯有細緻做好這儲藏工作，才能在漫長濕冷的江南冬日裡延續豐富美味的飲食生活。每一個季節都有其獨特的魅力和使命，先民們世世代代順應著四季輪迴，爭取最完整地體驗和享受每一個季節。這些順時而為的生活智慧代代相傳，在我兒時仍指導著嵊州小城居民的日常生活。

千禧年後，人類迅速進入訊息時代，生活方式的快速同質化令許多關乎風土時令的地方習俗都逐漸消失。日常生活的底層邏輯轉變，令原來各地所特有的生活美感也漸漸凋零。如今物流發達，反季節食材供應不斷，秋收冬藏的習俗也似乎成了一種不必要的儀式，這樣的變化究竟是提高還是降低了我們的生活質量？有時候我確實不知道，留待諸君回答。

註

1 本篇寫於 2025 年 3 月 20- 22 日。
2 嵊州方言，意為污漬。
3 按現代標準，一擔合五十千克。
4 嵊州下屬甘霖鎮裡的一個村。
5 嵊州方言，即玉米，因其不屬傳統五穀，是外來的糧食類作物。

大爐旺火多年前

人一多，火鍋的氣氛就起來了，
大人們說說笑笑，我則埋頭奮力吃著。
蒸汽讓對面的人顯得影影綽綽，
炭火的烘烤讓臉龐不知不覺紅了起來。
吃火鍋，無論湯底還是涮品抑或蘸料都只是必要條件，
而氛圍則是最重要的。

小學時，我家住在一個清末民初建造的老台門裡。我家是台門的第二進，並非正院，但佔據著一小棟兩層的木樓。屋子年久失修，在我還未上小學時家裡好好地把它整修了一番，屋頂進行了全面的加固，瓦與房樑之間加蓋了一層隔板。木質結構房屋傳說中的冬暖夏涼，我並未體驗過，倒是感覺夏天時像蒸籠，冬天時依舊濕冷難忍。唯有一大好處，就是門口的開放空間很大，因而很多家務設施便蔓延了出來，擴展到我家門口的小道地上。那時候煤氣灶並未普及，煤餅爐的使用還十分常見。後來有了煤氣灶後，母親還是愛用煤餅爐子，日常小菜用煤氣灶做，耗時的燉菜和蒸菜則依舊要用上煤餅爐。

母親的性格很豪爽，不似一般江南女子。在飲食上也是如此，比如白切雞，做好後，母親從不用刀切成小塊再上桌，而

是直接在桌上幫全家人手撕之。這樣的豪爽是延伸到所有菜式上的，當然也包括嚴寒冬日裡的火鍋。九十年代中期的時候，電火鍋尚未普及，母親對於這一類新興產品的信任度也不高，因此我們家吃火鍋的方式非常特別：大鐵鍋直接放在裝滿炭的煤爐上煮，全家人則圍坐著大快朵頤起來。對我而言，吃火鍋絕對是一件值得慶祝的大事。因為此事很費周章，一個冬天大概也就進行一兩次。每次聽說晚上要吃火鍋，我便開心得不得了，一整天都會給父母提議各種我希望吃到的東西。

我家有兩個煤爐，一個平時做菜用的小煤爐是一芯的，也就只能放一疊三個煤餅；而另一個則是三芯的龐然大物，可放三疊九個煤餅。家裡客人多時母親便會啟用這個大鍋。吃火鍋時，這兩個鍋都要發揮作用——大爐負責燉極大分量的湯底，小爐則搬進屋裡煮火鍋用。

江浙一帶的火鍋不似川渝或北京的那麼美名遠揚或特色鮮明。雖則浙菜列屬八大菜系之一，但是火鍋實在不是越人專長。因而在家裡操作起來也無甚章法可循，母親的土火鍋更完全是獨門獨創，別無分號。

首先說湯底的製作，多數情況下，湯底以鹹鮮為主而不做辣鍋。母親會從午飯後開始燉煮湯底，一般是足量的豬腿筒骨配以一把小蔥結和一些薑片，並無其餘更多底料。三芯大爐旺火燒開，放上直徑一米的大鐵鍋，加入足量的水，水開後，把筒骨、青綠的蔥結和辛香撲鼻的薑片依次放入。等到湯水燒開，便將爐門關小改為小火燉煮，慢慢悠悠，不急不忙，幽幽燉到晚飯時間開吃為止。煤爐的火候調控比煤氣灶要難，全靠小小爐門來操作，如果缺乏經驗則很難達到適宜的火候。母親在農村老家做過多年灶頭飯，調控煤爐的難度和把握灶頭火候相比簡直小巫見大巫，因而也就得心應手了。

其次說涮品。家裡人喜歡吃河鮮海鮮，因此海白蝦抑或基圍蝦是少不了的，有時候這些蝦並不時令，則以河蝦代替之。說句題外話，蝦中最鮮美的當屬剡溪（江浙一帶江河中均常見）中游弋的小河蝦[2]。小河蝦個頭不大，身軀細長，一對鉗子也十分修長，但與其自身相比則顯得分外粗壯。這種青灰色的河蝦是浙江名菜醉蝦的原料，其他的蝦再精貴也絕做不出此蝦所獨有的清甜鮮美。但是河蝦生而有時，並不是一年四季均能捕獲，彼時養殖業亦不似今日興盛，因此很少吃到。但吃火鍋時，這小河蝦肉太少，殼難去，讓人吃起來不夠過癮，一般很少拿其做涮品。

對於河魚，母親喜歡鯽魚，但我卻嫌牠刺多；姐姐喜歡泥鰍，小時候的我卻覺得滑溜溜的口感很難接受，至於昂塘刺（黃辣丁）、烏鱧魚和鯰魚一類也是如此。因此，對於涮品中有無魚，我其實並無多少意見。除卻河海鮮一類的涮品，雞肉片、牛肉片也是很常見的，但都是母親親自切的新鮮貨，因而時常是細條而非薄片。羊肉一類的東西是絕不入涮的，因為一下午燉製的豬骨湯，一放羊肉便充斥著羊肉味，浪費了極好的豬骨湯底，而且母親也不喜羊肉。至於蔬菜，則選其時令者，並沒有什麼特殊偏好。然而金針菇和蕈是必備的。

當然，每家每戶都有的榨麵、麻糍（年糕）以及豆腐皮也

火鍋食材示意圖

是很常見的涮品。榨麵是嵊州的特產，類似別處的細粉乾，是用大米製成的細如棉線的乾米粉。由於崇仁溪灘村的傳統曬麵品質突出，因此「溪灘榨麵」的名頭最響。麻糍對於嵊州人來說也是居家常備的食物。過年時，鄉下人家會以村為單位統一打製麻糍，每家每戶按照自己的需要出錢取貨。巨大的木樁由人力踩踏運轉，一下下敦實地砸在大搗臼裡的熱年糕糰上，看著就讓人食欲大振。隨手揪下一團，沾點紅糖，熱乎乎地放進嘴裡不知多麼糯軟鮮甜。等到麻糍打製好後，作坊工人會用機器將其切割成規則的長方體，冷卻後放置在明礬水中即可常年保存而不壞。城裡人沒有條件親自做年糕，一般不是出去買，就是託農村親戚訂做一些。

除卻這麼幾樣作為主食的涮品外，還有兩樣父親十分喜歡吃的，一個是蛋餃，一個是芋餃。蛋餃顧名思義即是以煎熟的雞蛋薄皮裹餡料包成的餃子。母親非常擅長包蛋餃，每次吃火鍋前都會包一大碗。包蛋餃前，母親會將小煤爐的煤餅換成炭，以防煤餅中硫化物的臭味滲入蛋餃中；待炭燒紅，便用圓形鐵勺做模具包製蛋餃。勺中抹少許油，等油燒熱後舀兩勺打好的蛋液放入勺中，將蛋液勻開，稍見蛋液凝固即放入肉餡，再用筷子輕輕掀起蛋皮的一角，將肉餡包裹其中，一個蛋餃就做好了。因為是涮品，所以肉是不必煎熟的。芋餃的秘密也在皮中，和普通餃子皮相比，芋餃中加入了碾爛的芋頭，因而煮熟後口感彈滑很有嚼勁。原料中最有講究的是芋頭，一定要選嵊州本地的小芋艿，蒸熟後極易去皮，口感糯軟，很有黏性但又不粉口。這樣的小芋艿在北京似乎很少看到，即使大小差不多，因芋艿生長的自然條件不同，口感也相差十萬八千里。

再說說蘸料。浙江人吃火鍋，不蘸麻醬，也不配香油碟。家裡吃火鍋蘸料最常用的是「川崎」牌火鍋調料，當年那句「吃火鍋，沒川崎怎麼行？!」深入人心。這是個 1991 年成立於上海的品牌，在蘇浙滬一度非常流行。記得小時候很喜歡吃川崎海鮮味的蘸料，但卻又忍不住要放些麻辣味的，結果每每放多，辣得熱汗淋漓，但又頗覺過癮。後來「川崎」沒落，有了「阿香婆」之類的辣醬。無論後來吃過多少種美味蘸料，「川崎」都代表了一種不可磨滅的童年味覺記憶。

傍晚時分，父親、姐姐和我都各自回家了，母親就開始將

當年大火鍋的用餐場景

涮品一樣樣地放上桌。這時父親會在清空了煤餅，但仍留有餘溫的小煤爐裡放入木炭，再用木屑廢紙借著煤餅爐的餘溫引燃木炭。只見他奮力地用蒲扇搧著木炭，慢慢令火星揚起，木炭也開始變紅。隨後，父親便把煤餅爐拿到屋中，再將煮得濃稠鮮美的湯底小心翼翼地搬至煤爐上。待得大家拿好碗筷，一場酣暢淋漓的盛宴就開始了。有時候，母親還會邀請關係親近的鄰居一同來吃，人一多，火鍋的氣氛就起來了，大人們說說笑笑，我則埋頭奮力吃著。蒸汽讓對面的人顯得影影綽綽，炭火的烘烤讓臉龐不知不覺紅了起來。那時候，老台門裡的鄰里關係很親密，雖總有些小矛盾小爭吵，但抬頭不見低頭見，遠親不如近鄰的理兒還是在的。每家每戶做了些好吃的常會給鄰居們送些，一起分享美食帶來的好心情。搬離老宅後，我們住進了現代住宅裡，與鄰居之間互動全無，更別說分享食物這樣的親密舉動了。

吃火鍋，無論湯底還是涮品抑或蘸料都只是必要條件，而氛圍則是最重要的。兒時的味道，在記憶裡總是瑣碎而不連貫的，大鐵鍋裡升騰的霧氣、家人的歡聲笑語，還有飽食後的滿足感，都隨著時光遠去，卻成了我腦海裡無法磨滅的舊日印記。

每次吃完火鍋來到屋外透氣時，便會感覺一股清涼的冷風拂過臉龐，兩頰也不再那麼紅熱。而現在吃完火鍋總擔心衣服味道太重很難處理，很少會有那種細緻的心情去感受冷暖自知的滿足。

小學三年級的時候，老台門的正院被一場大火燒毀。鄰里們雖然無人遇難，但從此各奔西東，再也未聚齊過。再後來，家裡有了電火鍋，天氣一冷，母親也愛張羅吃火鍋。一樣的湯底，差不多的涮品，老牌的蘸料，但卻再也找不回大爐旺火那種熱氣蒸騰的感覺。小小電火鍋放一點涮品就擁擠不堪，如何找得回當年那種莫名的豪邁？或許那個時代早已過去，嘮叨再多也只平添愁悶而已。

註

1 本篇寫於 2012 年 3 月，於北京；修改於 2015 年 11 月，於香港。
2 學名為日本沼蝦。

何當共賀團圓年

1

團圓飯的氤氳熱氣中，

親朋好友們微醺的臉龐和無憂無慮的笑聲交談聲，

菜品散發的香氣混雜著熱黃酒的馥郁芬芳，

還有一封封紅艷艷的壓歲紅包，

組成了我童年時的新年感官記憶。

疫情期間，有三年時間無法回家過年。頭兩年，我們待在香港無處可去，這倒也好，讓我們徹底融入了本地生活。往年一到年關就飛也似地回去家鄉，此地如何過年幾乎從未體驗。以前住在太子，一到臘月只感到來往花墟的人流漸多，年味也就慢慢濃了，但除此之外，我未深究香港慶賀新年的習俗。想必也是和其他都市一樣，一家人吃個團圓飯，互相道賀，正月裡走走親戚派派壓歲錢或利是？滯留香港後，臘月裡我和W小姐也學嶺南人逛起了花墟，買些活氣十足的鮮花插在家裡，讓小小的家多了不少生氣。也是從那幾年開始，我們每年正月初一都會在門上貼一個大大的「福」字，門背後則貼一對春聯。

頭兩年的除夕夜，我們叫了熟悉的餐廳的外賣，兩個人用投影儀在白牆上直播春節聯歡晚會，讓晚會的聲響充當同桌吃飯賓客的喧鬧，配著點自己喜歡的酒，喝到微醺時倒也覺得過了個熱熱鬧鬧的年。疫情最後一年，一些國家和地區對香港開了關，於是我倆飛去蘇梅島過了個年。異國他鄉自然沒什麼年味，雖然酒店還佈置了一些春節喜慶的裝飾，酒店餐廳裡也推出了一些中式菜品以賀新年，但總歸是畫虎畫皮難畫骨，倒更襯托出了年味的稀薄。除夕夜我倆坐在海邊懸崖上的餐桌前，吃著不怎麼美味的西餐，望著慢慢西沉的太陽和波濤洶湧的太平洋，美則美矣，但寂寥落寞感油然而生。不禁感歎，中國人過年還是要熱熱鬧鬧才像回事。

前兩年，我姐說反正嵊州城裡的房子我們很少回去住，不如賣了換一套郊區的別墅，偶爾回去時可當度假屋，房間多，又有院子，可供外甥女玩鬧；周圍的自然環境好，遠離塵囂，空氣乾淨，晚上也安靜清爽。於是我們這一家先父口中「世居城關」的老嵊州人終於走出城牆，搬去了郊區的「越劇小鎮」。今年新房收妥，正好一家人回去過年順便暖房。香港除夕無假，只能請了半天年假，希望能準時趕上年夜飯。多年未見的小舅來蕭山機場接我們，一路上閒聊家長里短，看著從機場回嵊州路上市鎮的變化，感歎時光荏苒。

傍晚五點多，我們終於到家，一進家門看到大圓桌已擺好，親戚們也都在沙發上坐著等我們開飯，四捨五入這也算是近十年來最團圓的一個年了。見到了多年未見的三姨媽，她去年生了場大病，生死線上走了一遭的她從此開始積極享受生活，跟著好姐妹們跳舞打太極旅遊，隔三差五就能在家族群裡

越劇小鎮落日

看到她分享的照片和視頻。我與她雖許久未見，卻依然親切。我小時候，她曾在我家住過一段時間，幫我媽做些家務，主責就是幫生意繁忙的父母帶我這個老來子。據說她帶著我出門時，我倆常被人誤認為母子，因為我小時候皮膚極白又長著一雙細長丹鳳眼，和她可說是一模一樣，跟我母親卻反而沒那麼像。

當天小舅一家也和我們一起吃年夜飯，算上三姨夫正好十人。不過母親歲數大了，前兩年又摔傷了腰，就算有保姆幫忙，我們也不忍心再讓她親自下廚，於是請了個本地廚師來家裡到燴。本地廚師自然懂得嵊州人的口味，開出來的菜單都是冬季時令，在家常的基礎上融入了些餐廳的手法，味道竟然還

某年正月在小舅家吃飯的場景

不錯。菜滿滿地擺了一桌，我提議說大家慢慢吃，別像以前那樣吃太快，讓團聚的時刻走得慢些，菜的細味也慢慢品嘗，畢竟這樣的團圓年越來越難湊齊了。

我母親的老家在嵊州里南鄉嶺根村，那是一個十分偏遠的山區小村，記得小時候開車去外婆家要繞山而進，車子如剝洋蔥般層層駛入，車程一小時都不夠。自我母親嫁來城裡後，她的兄弟姐妹們也慢慢走出了山村，除二舅外，二姨媽三姨媽小姨媽和小舅都來城裡找工作，有一段時間他們都先後住在我家或我家附近，一到年節自然是一大家子共同慶祝。有幾年春節，連常年住在村裡的外公外婆也來城裡與我們一起過年。記憶裡我家過年總是最熱鬧的，勝在人數多，菜品種類和數量也多得驚人。

與此相反，我父親雖世居城關，但親戚們似乎除了紅白喜事外極少往來，大概是因為父親的家族複雜而龐大之故。我父親為二房太太所生，大伯二伯則是正房嫡系，小姑是三房的女兒，平日裡父親與小姑關係最近。大伯長我父親二十多歲，在我小學二年級的時候便過世了。爺爺 1970 年過世之後，這個家族就宛如一團散沙，只有各自的小家，鮮有大家族團聚，大伯過世之後更是如此。我的那些堂哥堂姐侄子侄女也都只在親戚的婚喪嫁娶儀式上見過，客套打過招呼之後再無可聊的。時過境遷，除了與小姑的子女仍有聯繫，其他父親家的親戚如今更如暴風驟雨後的汪洋扁舟，再無跡可尋了。

團圓飯的氤氳熱氣中，親朋好友們微醺的臉龐和無憂無慮的笑聲交談聲，菜品散發的香氣混雜著熱黃酒的馥郁芬芳，還有一封封紅艷艷的壓歲紅包，組成了我童年時的新年感官記憶。在我家的年夜飯餐桌上，親戚們回顧過去一年的喜怒哀樂，每一年他們都分享著人生的最新進展，一些新成員加入了大家庭，年夜飯的餐桌一度更為熱鬧了。但天下無不散的筵席，隨著姨媽舅舅們有了自己的小家，我家年夜飯的人頭漸疏。一張圓桌都坐不下的團圓年已逐漸成為遙遠的回憶。

在嵊州農村，臘月二十三要送灶君，這象徵著一系列新年慶祝活動的開始。上世紀九十年代嵊州城裡已無傳統灶頭，即便是我們住的老台門裡，也都用煤餅爐子做飯，後來更是轉用

農村仍保留有這樣的傳統灶頭

煤氣灶。我印象裡家中也不貼灶君像，因此臘月二十三送灶儀式在我家一直付諸闕如。但在農村的外婆家中，送灶迎灶是每年都有的儀禮。記得外婆老宅黑漆漆的灶頭上擺著尊彩色灶君像，一年的煙燻火燎後，灶君的色彩變得模糊骯髒，每年臘月二十三外婆會搬下它，待年關之後換上新的。送灶神每要酒水糖果，讓灶君喝得醉了吃得黏嘴，便不會去玉帝處說人間壞話。到臘月二十九日又要接回灶神，這是每年雷打不動的儀式。如今外婆外公去世多年，老宅也已傾塌，這送灶接灶的儀式也逐漸消弭了。城裡人家雖無灶頭，但方言裡有許多和「灶」相關的詞，比如廚房我們叫「灶間」或「灶頭間」，蟑螂叫「灶雞」，不過一些地區把長得像長腿蟋蟀的突灶螽叫「灶雞」或「灶馬」，據說這小蟲子是灶君的坐騎。這些是題外話了。

雖然那時候城裡少有祭灶的，但九十年代的嵊州一到大時大節，節日氛圍依然十分濃烈。一年之中又屬舊曆新年的氛圍最濃，即便你不看日曆也可感知年關將至。進入臘月，各家各戶便開始操辦年貨，市面上的店舖也都很早就擺售年貨。臘味店裡掛出了新醃製的鹹肉，一條條厚實的五花肉被醃得如大理石般光亮；剛灌好的香腸一根根如深紅色斑駁門簾般掛在店樑上，還有一扇扇打開的白鯗如蒲扇般鋪排在店舖前；至於臘雞臘鴨燻肉更是滿滿當當地排了一整張櫃枱，那香氣就算站在幾米遠外也早已聞到。嵊州人過年有包粽子的習俗，九十年代已有售賣現成粽子的店舖，但各家各戶都喜歡自己包製，一來更有年味；二來餡料和糯米都選用得更為講究。我家一年包兩次粽子，端午的時候反而包得少，臨近除夕母親才大張旗鼓地包起粽子來。冬天氣溫低，粽子掛在陰涼乾燥處可以保存很久，粽子不僅是正月裡早餐的老演員，也是親戚間相互贈送的年貨之一。

上｜金棗

下｜番薯胖，即用番薯做的脆片。

我家的副食舖子主營是糖果，在年節前自然生意最好。各色手工製作的傳統糖果廣受歡迎，在九十年代的城關鎮可謂只此一家別無分號。其中最受歡迎的是每日現做的薄荷糖、花生糖和麻片糖，從最基礎的原料開始，每一步都是父母和幫工親力親為，絕無預製；這些糖果早期以紙袋包裝，後期以封口塑料袋包裝，完全無乾燥劑防腐劑之類的輔助，因此保質期較短。當時我家店舖的生意不錯，糖果每天基本售罄，至次日便要重新製作了。除了自製糖果外，我們也售賣蜜棗、炸金棗和米胖之類過年時各家各戶都會準備的小零食。

「胖」在嵊州方言裡用來形容膨化食品，比如米胖、六穀胖（即爆米花）和番薯胖等。以前臨近過年，街上彈米胖的「砰砰」聲不絕於耳；小孩子們最愛看米胖機釋放壓力時「爆炸」的那一瞬間，每次我又想看又害怕機器爆炸，於是站得遠遠地圍觀，那種矛盾心理現在仍記憶猶新。彼時，家家戶戶都會去街上找彈米胖師傅彈製新鮮米胖，以備正月裡待客。米胖機實際上是個壓力容器，下面點火烘烤，米胖師傅邊烤邊轉動著葫蘆形的壓力鍋，同時盯著儀錶上的壓強，待壓強合適，他就取下壓力鍋，將其一頭用白布袋套住，另一頭則套上壓力管，一切就緒後，他用加力管一扳壓力鍋的小頭，只聽「砰」的一聲巨響，米胖就彈好了。其原理是當外部壓強低於穀物內部壓強時，穀物內部氣體會向外「突圍」導致穀物膨脹鬆化。還有一種叫米扁或米海的脆米小零食，是蒸熟曬乾後再炒到蓬鬆爽脆的糯米。正月裡客人到訪，必定要泡上一杯米胖蜜棗甜茶；而炸金棗，類似北方的京果，是用糯米做的油炸甜點，外

年節附近也是荸薺上市的季節

裹一層反沙糖霜，也是新年待客的常見零食。

年夜飯的菜提前一周就要開始陸續採購，母親開列清單，父親負責採買。菜市場的菜價每天不同，越是臨近除夕自然越貴，到除夕當日所有食材價格都冠絕全年，如果備貨晚了就只能被商販們宰這一刀了。而且雞鴨魚等活物可以先買回來養著備用，反正母親擅長宰殺，到除夕日再處理就好；一些不易壞的根莖類菜蔬如蘿蔔、棒菜、萵筍等，也可提前備貨。九十年代早期我家尚未購置冰箱，但嵊州冬日寒冷，這些菜蔬放在院子陰涼處就可保鮮。從年夜飯食材採購開始，這年味就越來越重了。

固然年夜飯重要，但過年要做的準備工。作可遠不止採購年夜飯食材。舊時嵊州人在除夕日有祝福的禮節，讀過魯迅先生的小說《祝福》的人想必對這個紹興習俗印象深刻。但我小時候城裡人家已不在除夕日祭祖拜神，畢竟冬至有隆重的做冬習俗，到除夕日就僅僅是吃團圓飯而已了。

新年要除舊迎新，因此除夕前一定要全家做一次大掃除，洗去一年積灰，讓老宅子透出那麼點新鮮氣息來。母親在除夕前會帶我去理髮，因為她堅信正月裡是不能剪頭的，畢竟我還有兩個親舅舅呢！新年還要穿新衣，母親會帶著我上街選購新衣新鞋帽，但我的審美與她的常起衝突，最後自然是誰付錢誰說了算。後來姐姐去深圳工作，我的新衣服便改由她購買了，彼時物流遠不及現在發達，大都市和小城市之間仍有顯著訊息差。姐姐選的款式好看又時髦，放在小城裡讓人眼前一亮。每年寒假結束我穿著新衣服上學都能引來同學羨慕的目光，從此後，我再也不願服從母親的穿著決定了。

九十年代的嵊州尚不禁放煙花爆竹，上街買新衣服時定會路過一些煙花攤位，而尋常雜貨小店也會進些小型煙花炮仗售賣。兒時的我看到煙花爆竹就挪不開腿了，但母親不支持小孩玩太多煙花爆竹，任憑我軟磨硬泡她也不肯買給我。這時我就會去央求父親和姐姐，以及姐姐身邊一眾與我熟稔的哥哥姐姐們，因此經過多番努力，每年我也可以玩上不少的煙花爆竹。後來姐姐去深圳工作，回嵊州過年就會買些大型煙花，但老城小街電線交錯密集，不能隨意燃放太大的煙花，我們會在年夜飯後抱著這些大煙花爬上百步台階去大會堂前面的空地上燃

老城區的電線交錯密集

放。那時沒有多少光污染，一到晚上，群星還璀璨奪目，看著煙花在星空下綻放，聞著逐漸飄散開的火藥味道，童年時的快樂就是如此簡單而純粹。

除夕臨近，家家戶戶貼掛春聯和福字，遊子回巢，每家每戶都圖團圓二字。傳統上春節是立春之日，但自袁世凱定舊曆元旦為春節後，這兩個概念便混用了。從嵊州人年夜飯的菜式上也可看出這一變化造成的影響，比如年夜飯一定要有炸春卷。春卷皮我們叫春餅，與北方厚實的春餅不同，我們的是用上了勁兒的濕麵糰在圓形鏊子上抹出來的，成品薄若蟬翼幾可透光。抹春餅是技術活，母親並不擅長，因此年夜飯前一天或當天，她會去春餅舖子買厚厚一遝新鮮烙出來的餅皮回來。嵊州春卷用小蔥豬肉沫為餡料，春餅沾點水捲成細長的春卷，油炸之前將春卷剪成一指長短便於食用。春卷要複炸至金黃色才酥脆香潤，我每次都偷吃剛炸好的春卷，好吃則好吃，但也常把自己的嘴燙出水泡來。

除春卷外，還有豆腐皮卷，也是家裡現包的，豆腐皮買回來的時候是圓圓薄薄巨大一張的，因為脫了水所以很硬且脆。包之前先要用水打濕，待其回軟後才可擺餡料開始包裹。但水決不能太多也不能泡水太久，不然豆腐皮會化成碎皮，再難包裹餡料。包好後將豆腐皮卷上鍋蒸熟，然後切成小段，與大蔥段胡蘿蔔絲等紅燒便已十分美味。蛋餃形如元寶，也是新年必備。將炒菜圓勺置於單孔煤餅爐上，勺熱放油，再倒蛋液攤開，放置餡料於上，翻過蛋皮包成荷包狀即成。蛋餃常與大白菜一起煮湯，在大菜吃完後上桌，見到這個湯菜時，年夜飯也就吃到尾聲了。

其他菜式要禽類河鮮海鮮肉類菜蔬齊備，並無定制。我家必有的菜式有紅燒膀子，也就是豬蹄膀；紅燒牛肉，全家除了母親外都愛吃牛肉，不過由於母親自己不吃牛肉，因此每次燉的時候總要我來嘗味把握口感；紅燒魚，可能是河魚也可能是黃魚之類的海魚，胖頭魚魚頭豆腐湯、清燉甲魚等河鮮菜也很常見；蝦蟹類的海鮮也是一定有的，常見的是白灼海蝦、蔥薑炒槍蟹[2]等；還有家常燒蘿蔔、筒骨燉棒菜等菜蔬，以及最後用來下飯的嵊州小炒，主料多是香乾韭黃和肉絲。不過年夜飯菜品道數頗多，最後除了胃口極好的父親，大部分人早已酒足

上｜清燉甲魚

下｜胖頭魚魚頭豆腐湯

菜飽，吃不下米飯了。

無論配角如何變化，在年夜飯菜單中，雞是雷打不動的主角之一。除了從菜市場提前買活雞回家，有幾年我們在春天買來雞苗養在院子裡，想著次年春節可以食用。但往往等雞肥待宰時，我卻不願意了。因為每天放學回家後，我都和這些小雞玩耍，又常投餵，自然有了感情。父親也喜歡小動物，真正朝夕照料牠們的其實是我父親。有一年一隻小白公雞不知從誰家跑入我家，我們就把牠留了下來。這小公雞長大後全身白毛發亮，雞冠紅艷厚實，顯得雄赳赳氣昂昂。牠每日清晨準時啼鳴，與早起嗽嗓的父親一唱一和——只要父親一嗽嗓子，小公雞就會有樣學樣地啼叫一聲，惹得全家哈哈大笑。這公雞還擅長看家，陌生人來牠常追逐啄咬，大家都說牠頗有靈性，於是我們還給牠取了名字，叫小白。但我母親對這些小動物無甚感情，到了除夕日照例選一隻肥的㖞嚓一刀抹了脖子，連小白最後也難逃刀下鬼的悲慘命運。那年除夕，我看到小白被殺，大哭不停，連年夜飯都沒吃安生。後來父親不想我傷心難過，於是每年都從菜市場買活雞宰殺；再後來我們搬離老宅住進樓房，自然無法繼續養雞了。

至於雞的吃法，我家年夜飯裡最常見的絕對是白切雞。所謂白切雞其實就是用清水料酒蔥薑將雞煮熟，然後切也不切，得整隻上桌。待一家人入席後，母親就開始用手撕扯雞肉，不易撕的部位則用廚房剪刀剪，根據每個人想吃的部位分配。雞肉一撕開熱氣升騰，香氣瞬間四溢，吃白切雞常是我家年夜飯的一個小高潮。本地走地雞肉質細嫩雞味又足，確實蘸一點鹽

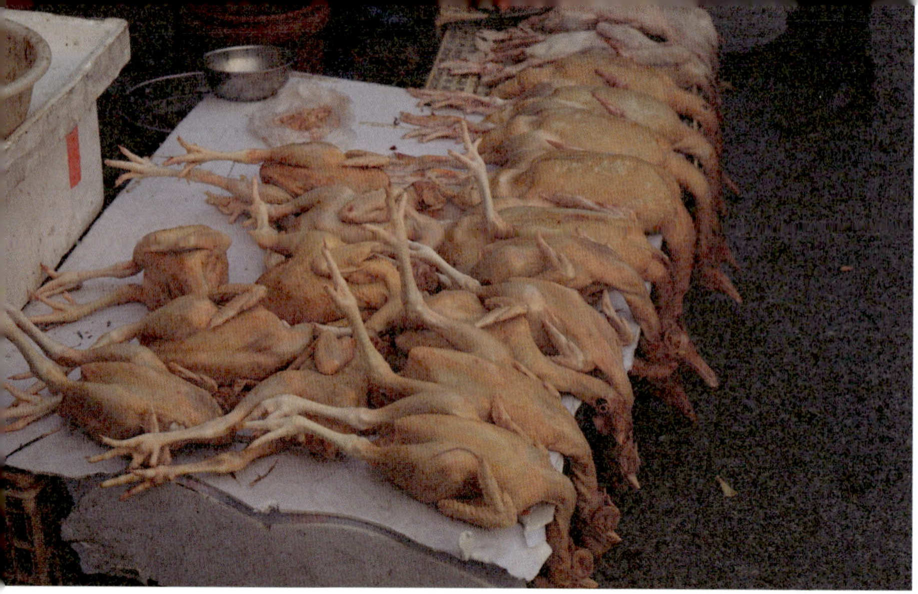

上｜過年前的菜市場中宰殺好的雞

下｜正在鍋裡煮的白切雞

花或醬油就已經十分夠味了。後來我去北京讀書才發現並不是每隻雞都美味，也意識到，大都市成長的朋友許是很難體會我小時候那種雞有雞味的尋常生活。如果當天雞肉吃不完，母親就有可能將剩下的雞切小塊然後紅燒，不過這是處理剩菜的方法，絕不是品嘗雞肉本味的妙法。

過年包餃子是北地習俗，嵊州人會把餃子當早餐當點心，但絕不會把它和過年聯繫起來；而且多數人家極少自己包餃子，都是去點心店吃或者購買包好的帶回家。除夕夜既不吃餃子，正月初一也不會吃餃子。大人們在年夜飯後可能組局打麻將，而且除夕有守歲的習俗，每每當我睜不開雙眼昏昏然睡去時，大人們還在熱烈地交談和打麻將中……

正月初一依例家中是不會動刀切菜開火燒菜的，母親會睡一個長長的懶覺，一天都不會下廚做飯。這一天父親還是會早早起來，他提前買好了粗粗的紅炮仗，每年正月初一他都要上街放三發炮仗，以此希冀新一年生意興隆。我從小就沒有睡懶覺的習慣，早上醒來嚷嚷著要吃早飯，這時候提前包好的粽子就派上用場了，父親拿兩個粽子用滾水煮上二十分鐘，我的早餐就準備好了。母親起床後，會開始做芝麻湯糰，這是正月初一要吃的點心。浙東地區一般都稱湯圓為湯糰，嵊州亦不例外。湯糰餡料是買來的現成豬油芝麻餡，糯米粉則是現和的。每當母親搓湯糰，我也會去湊熱鬧，但我老是搓不好，要麼搓出來尖頭尖腦的，要麼就是搓著搓著漏出點餡兒來，把湯糰雪白的外皮都給弄黑了。湯糰搓好後，滾水下鍋，輕輕用勺子攪動，待水重新滾開，湯糰膨脹上浮便可出鍋了。湯糰的芝麻餡本身很甜，因此湯底用清水即可，絕不可額外加糖。

正月初一是不會有人來訪的，我們也不走門串戶，大家都在自家休息，正月初二開始就可以走親訪友了。母親的兄弟姐妹，除二姨媽嫁去上虞，三姨媽成婚晚外，其他已成家的都要回請一次飯，再加上回外婆家、去小姑家的時間，一天去一家也輕鬆安排到了正月初八九。母親的兄弟姐妹廚藝千差萬別，但都不及我母親擅長。小姨媽有個寵她的姨夫，她家做飯我有印象起就是小姨夫負責，小姨夫的手藝還算不錯，就是調味有時稍重；二舅陪外公外婆在村裡務農，家務由二舅媽負責，她的烹飪確實不敢恭維。有次去二舅家吃飯，新鮮雞肉倒了頗多醬油紅燒，肉燒得又柴又鹹，以為是用隔夜雞肉招待我們，沒想到竟是烹飪不得法之故。小舅媽是安徽人，嫁來嵊州後學得一口流利嵊州話，烹飪上也學了不少嵊州家常菜式，雖不算精通，但也算勉強過關。從小我就期待正月裡去親戚家吃飯，現在回想起來這種期待感與拜訪新餐廳一樣，是對未知味道的好奇。雖然姨媽舅舅家的飯菜不及自家可口，但也可以感受到各家烹飪的特點，在這樣挨家挨戶的比較中才知道，每一樣食材在不同烹飪手法和技巧下味道差別竟如此之大。九十年代小城中社會餐飲並不發達，正是年節時走親訪友的飲食經驗讓我形成了最初的味道比較記憶和判斷標準。

有幾年父親還會去上虞徒弟家做客，我印象中父親的製糖手藝只傳給了這一個徒弟，但歲月久遠，父親去世後，我們與他這徒弟也斷了聯繫，竟連姓名都湮沒無聞了。上虞與嵊州接

父親還在世時，某年正月裡我們全家去半塘村給爺爺上墳，一路上一派冬日草木水稻皆凋零的景象。

壤，父親是即日來回，只留一頓午飯。在他家吃飯，菜式並不豐盛，都是一些家常小炒加年夜飯剩下的蹄膀紅燒肉之類。只記得父親與徒弟會喝點黃酒，聊上一中午，我跟著去過兩次，覺得無甚可吃又無聊，就不願再去了。

正月裡我們一家照例要去給爺爺奶奶上墳，墳在半塘村，離市區坐車大約半小時。半塘村還有父親的旁枝親戚，我從小喚那老太太為小奶奶，我已搞不清她具體與我家是何關係，應是我爺爺的堂親。上墳前我們會先去看望小奶奶，在她家喝點米胖甜茶稍作歇息。她每次都會堅持給我們每人煮一小碗榨麵，裡面有豆腐皮和小青菜，再鋪上一個雞蛋，一碗榨麵湯下肚，整個人都暖暖的。吃完榨麵，我們從她那裡借來鋤頭以便清理墳頭雜草，之後就徒步上山掃墓去了。

城牆裡的老城很小，走在街上常可遇到親朋好友，正月裡遇到了自然要延請一番，於是又可能會有臨時約的飯局。在這走親訪友吃吃喝喝間，倏忽就到了正月十五。一些店舖在初八後就會啟市，我家店舖也是初八啟市，母親常勸父親多休息些日子，等十五過後再啟市，但那些年我家副食品舖子的生意頗好，十五上元佳節更是人流最旺的時候，父親怎肯錯過。母親雖則背後嘮叨父親是勞碌命，但也擋不住正月初八就要重新開店的安排。

上元節在老城裡可是一個大節日，過完元宵這年才算慶祝完。前一天晚上要吃青菜麻糍湯（年糕湯），俗稱亮眼湯。到了正月十五，對於我們這些兒童而言，除了定例吃湯糰，最重要的是可以拿著各色花燈走街串巷。我上小學前，雜貨舖子會售賣店家手糊的竹骨紙燈，多是當年生肖、兔子、鯉魚、蓮花等形狀；後來裝小電池的燈越來越多，工業生產的燈籠形狀更多，燈光效果也很出色，有些還能播放音樂，於是這些新式花燈很快就佔領了整個市場。每年我家店舖也會進一些特別的燈籠來售賣，我就從中挑選自己喜歡的拿上街去。從正月十五晚上開始，街上就人山人海，真乃水泄不通。各大商場都會張燈結綵地舉行猜燈謎活動，萬人空巷不是妄語。一張張毛筆寫就的燈謎彩紙貼在門框上或公告欄上，有誰知道答案就可去拆謎，答對者有相應的獎品。那時候沒有智能手機，大家全靠自己的苦思冥想去猜燈謎，場面非常熱鬧有趣。鬧元宵在嵊州要一直進行到正月十七，但後面兩天人流漸次稀少。傳統上正月十八夜為「打燈夜」，人們會將花燈互相撲打後燒毀，但電池花燈流行後，這一習俗在我小時候已不復存在了。

正月十五後，店舖盡數重開，市面上又恢復了往日的熙熙攘攘，新年也算真正慶祝完了。街上雖還有炮仗爆炸後殘留的紅紙屑，空氣中間或還能聞到一些火藥煙花味道，但人們要收拾起心情投入新一年的生活中了。

那時候的年味是如此濃，顯得如今年味如此薄。隨著訊息的快速傳播和人口流動，嵊州人慶祝新年的方式已發生很大的變化。在我小時候，去餐廳吃年夜飯是極度偷懶且不嚴肅的，母親堅信年夜飯一定是要親自做並且在家裡吃的。如今各大餐廳年夜飯是一年重要的生意，很多家庭已經放棄在自己家裡張羅年夜飯，畢竟餐廳的菜品品質穩定又少了打掃收拾的麻煩。正月裡的一些禮儀習俗現在也漸漸無人講究，平日裡想吃什麼都唾手可得，顯得過年的吃食也就十分稀疏平常了。而獨生子女的小家庭成了主流，就算三代同堂兩家合起來也就六七個人，人少了，過年的氛圍自然就冷清了。

大家族有大家族的煩人處，但其中也有相互支持的親情難以捨棄。母親那一代人與家族的聯繫仍然緊密，到了我們這一代，大家都天南地北逐夢，每年連過年都難聚齊，而長輩們也一年年老去，那些團圓年的記憶已是往事成追憶。記憶會濾去很多當時的不開心，而那些開心的團圓年回憶留在我們心頭是可滋潤一生的。

註

1 本篇寫於 2025 年 2 月 24 日 -3 月 1 日。

2 槍蟹指梭子蟹。

酒以及它的遺產

1

各類酒猶如血液般流淌在小城軀體裡，

嵊州人的飲食生活是充滿酒香的。

有時候聞到黃酒清香，眼前便閃現出當年那一幀幀與酒相關的歲月影像，彷彿我又回到了老宅裡。

我天生酒精過敏，卻生在一個全員愛酒的家庭中。印象裡父親每天晚飯必以適量老酒——在嵊州方言裡即指黃酒——佐餐，唯夏日酷暑時改飲啤酒；我母親與親朋好友相聚時也常喝得盡興卻從來面不改色；我姐年輕時更是了得，尋常男子的酒量與她絕無可比，她是我印象中酒場上的常勝將軍；至於各路親戚和父母的朋友們也都是酒精愛好者，無論家庭聚餐抑或客人到訪，必不能乾吃菜餚，無論如何總是要配些酒水的。

說到此處，你也許要好奇了，為何我家的基因到我這兒就斷了遺傳呢？其實不然，據說我極幼小時會主動討酒喝。後來我對酒的芥蒂如此之深大約有兩點原因。我四五歲時，除夕夜一大家子聚餐，當晚男士都喝黃酒，而女眷們則都喝甜滋滋的陳年桂花酒。大家喝到興頭上了，氣氛異常熱烈，我雖年幼，但也被這熱烈的氣氛帶得有些興奮，不僅遲遲不肯去睡，還攀著父親的手臂要求嘗嘗他碗中的黃湯。母親說，你爹那個不好喝，我蘸點陳年桂花酒給你嘗嘗。說完她便用筷頭腦蘸了點碗中的桂花酒，我用力一吮，清甜且帶著桂花香氣的酒液瞬間吸引住了我，吮完一筷子我又求著母親要了第二筷，來來回回竟喝了四五筷頭腦的桂花酒。大家笑著說，沒想到小胖[2]酒量這麼好！這陳年桂花酒看似甜漿，其實它是用白葡萄加砂糖和食用酒精釀製而成的果酒，酒精度數在十五度以上。沒過多久我便覺得頭暈目眩，甚而覺得惡心想吐，大人們都嚇壞了，連忙給我喝清水，母親又趕緊去拿熱毛巾幫我擦臉。到最後我還是沒忍住把年夜飯都給吐了出來，吐後整個腦子依舊昏昏沉沉，正月初一中午才舒服一點。八九十年代的父母養孩子自然不似如今這般講究，這類故事想必現在是不會發生的，幼童無論如何都不應該沾酒。這件事對我影響深遠，至今我腦海中還殘留有不少當日的畫面，而最直接的一點影響便是——很長一段時間裡，我連聞到做菜用的加飯酒都頭暈目眩，渾身不舒服。

除了這一原因，家人們喝多了之後的表現也讓我對愛喝酒的人一度頗有微詞。父親酒量不佳卻貪杯。他每日晚餐必要喝點酒，有時候喝得上頭，嘴上便瑣碎多事，難免生出些口角。我小時候最怕父親喝多，又不知道他嘴裡要念叨些什麼不中聽的。姐姐雖然年輕時酒量好，但常在河邊走哪有不濕鞋的？有時候喝多了，半夜回到家就吐，難免讓我覺得喝酒是件令人痛苦的事情。於是在十多年間，我視酒如洪水猛獸，避之唯恐不及。

嵊州屬紹興地區，自然我們日常喝得最多的便是黃酒了。據《嵊縣志》記載，清咸豐年間，嵊縣浦口鎮的馬鈺記、茂記和樹記釀造坊用當地天然水釀造的「浦口酒」遠近聞名，還曾參加過 1935 年上海酒市場評比，「與紹興加飯酒齊名」。中華人民共和國建立後，公私合營，私人釀造坊逐漸衰落，我小時候家裡買黃酒都基本買塔牌、古越龍山等著名紹興酒，本地黃酒的受眾日漸稀少。我們買黃酒並不是一瓶一樽地買，而是直接從黃酒廠或商販處一罎罎地運回家。黃酒買回家後，放置在家中陰涼處，每次取用完後小心包蓋好罎口，黃酒就能久儲不壞。冬日的時候，母親也跟父親喝點加熱過的黃酒，而我一看他們暖黃酒了，便捏著鼻子逃跑。不過母親有時候會在熱黃酒中打個雞蛋進去，這樣的蛋花酒我倒也可喝上一口。

夏日永晝，五六點吃晚飯時天還沒全黑，暑氣沉降，空氣倒終於降下溫來。母親就會在道地上灑點水，夏日晚風一吹，倒比悶熱的屋內舒服，有時候我們就在外面搭起桌子吃飯。天氣熱時，大人們就愛喝冰鎮啤酒。那時候物流遠不及現在發達，外地的啤酒品牌到千禧年才逐漸侵入嵊州市場，嵊州人彼時喝得最多的自然是本地產的艇湖牌啤酒。

「艇湖」是個地名，我有印象起，那裡便無湖了，只有一座小丘，上有座歪歪斜斜看著將要傾塌的古塔。據說原先那裡真是一片水泊，且是剡溪故道。《世說新語・任誕》中著名的《王子猷雪夜訪戴》故事中，王子猷「造門不前而返」處便是艇湖。後來泥沙淤積，艇湖由湖變成了田，到我出生時那裡既無湖也無田了。

上｜自釀老酒和甜米酒一直頗受本地人歡迎

下｜家裡買酒向來都是一罎罎的

九十年代初我家還沒有買冰箱，如何冰鎮啤酒呢？這多虧我家院中的一口古井，四季有清甜井水可汲，此水冬暖夏涼，到了夏日這口井便是我們的天然冰箱。用鐵桶裝好啤酒，緩緩放繩入井，過個一時三刻冰鎮啤酒就準備好了。除了啤酒，我們還用這口井來浸西瓜及短暫保存新鮮食材，那效果簡直比冰箱還好。

除了黃酒和啤酒，一些農村親朋送來的土米酒也頗受大人們歡迎。有些米酒似陝西的稠酒，度數很低還甜滋滋的，酒味又淡，於是我也會偷偷喝幾口。但就算是我們的酒漿板（甜酒釀的方言名），我多吃幾口也會頭疼，因此只能過過癮就停下。有些米酒則十分猛烈，度數比黃酒還高，但甜味較重，飲者十分容易受矇騙而喝多；大人們有時候喝甜米酒反而醉得更快。

從小我就有個疑惑，為何我身邊的大人們都那麼愛喝酒？不過，即便我小時候視酒為洪水猛獸，也不可否認酒在嵊州飲食生活中有重要地位，除了直接飲用，酒和它的「遺產」在日常烹飪裡扮演著各種各樣的角色。

在嵊州，從來沒有料酒這個概念，家裡做法都用加飯酒，根本沒人去買所謂的料酒。我家的儲物間裡常年都有一罈罈的黃酒，母親會適當打一些出來灌進塑料瓶中作為烹飪用酒。加飯酒可以去腥增香提鮮，用途十分廣泛，不僅燉肉需要，蒸魚可用，連炒蔬菜都離不開，黃酒可以和諧地出現在每一道菜餚的烹飪過程中。

熱菜用黃酒不用贅述，涼菜也需要用到黃酒，典型的一道就是醉河蝦。嵊州人愛吃的河蝦學名為日本沼蝦，是長臂蝦科沼蝦屬的一種淡水蝦。此蝦身體不長，卻有一對比例失衡的細長鉗子，雖然這鉗子對人類毫無威懾力，但在水裡看卻頗有一副不容侵犯的架勢。鮮活的河蝦用來做醉蝦最適宜，先用手攪動河蝦，令其受驚嚇而到處游動，在受到刺激的情況下河蝦更易排出體內雜質；如此數回後將蝦撈出瀝乾水分，倒入大海碗中，依次倒入足量黃酒，再倒入醬油、蒜末、蔥末和薑末，並迅速用盤子蓋住碗口，醃製十五分鐘後即可食用。

我家製作醉蝦時，會先用高度白酒沖洗河蝦，再用黃酒來醉；據說高度白酒可消毒殺蟲，但實際上其度數根本不足以消毒，更別說殺寄生蟲了，如此操作只是尋個心理安慰而已。河蝦生命力旺盛，往往一掀開盤子，碗裡的蝦就會彈跳出來，這時候要迅速用筷子夾住企圖逃跑的蝦，趕緊放進嘴裡，一抿一咬，鮮甜的蝦肉就混著酒香和蔥蒜香進入舌齒之間了。第一次吃醉河蝦時，我非常緊張，畢竟放進嘴裡的還是活物，鼓起勇氣嘗了第一口後竟愛上了這味道，這也可算是我生食的啟蒙。後來看《中國名菜集錦》才知道這個菜還有個趣名「滿台飛」，皆因一掀開盤子，碗中的河蝦就掙扎彈跳得滿桌都是。

除了醉河蝦，母親喜歡吃一種瓶裝醃製的小螃蟹，人稱白玉蟹。後來我才知道，這白玉蟹其實就是醉醃的蟛蜞蟹。蟛蜞是相手蟹科的一種小螃蟹，河海中都有分佈，有一部分品種需要回到海裡繁殖。小時候去外婆家，在小溪裡隨便翻開一塊石頭，下面就有藏身其中的蟛蜞，我一下午可抓幾十隻之多。如今溪水受到污染，蟛蜞早就不知去向了。醃製白玉蟹最重要的

河蝦不僅做醉蝦好吃，簡單地用蔥薑水煮也十分鮮美。

原料之一就是黃酒，這些小蟛蟹醃製後酒味濃重，又較鹹，拿來配白粥泡飯最相宜。黃酒的去腥增香提鮮之效連日本人都早已學會，如今在日本，不少餐廳做起了黃酒醉牡丹蝦，這是所謂「和魂漢才」的一例實證。

黃酒不僅自身好喝又利烹飪，連它的酒糟都是寶貝。黃酒製作的主要原料無外乎糯米、麥麴和水。舊時候，每到冬季，嵊州農村人家都會自家釀造老酒，或找熟悉的作坊代釀。黃酒釀造開耙[3]後，要將酒汁榨出進行下一步的陳釀，酒汁榨盡後剩下的便是所謂的酒糟了。黃酒酒糟主要由發酵後的米渣和酵母殘渣組成，顏色呈棕黃色，裡面還能依稀看到糯米殘渣和小

開耙過程

麥碎粒，觀之十分不雅，但聞上去卻有濃烈的酒香。酒糟對嵊州人而言一個重要作用就是製作糟貨，城裡人家要酒糟的話，需要找酒廠或酒商索要，到後來酒糟更是成了正兒八經的商品，需要花錢購買了。

糟貨是每家每戶都要製作的年慶食品，每年一入冬，母親就開始張羅起糟貨製作。我家人多，因此糟貨的品種也較其他人家豐富些，一般雞鴨鵝和豬肉四種是雷打不動必會製作的。傳統上，嵊州糟貨還有糟豬大腸的，但我家從未做過。嵊州糟貨不是用酒糟調製糟鹵醃製食材，而是一種醃製與淺發酵相結合的製作工藝。糟貨的製作步驟如下，食材用水煮熟，改刀成較大塊後瀝乾水分；再用鹽塗抹食材表面，待食材吸收鹽分後

此圖中可看到一塊酒糟

即可開始糟製。傳統上，嵊州糟貨以罎子糟製，但我母親一般用大陶瓷缸。首先，要將酒糟鋪於缸底，再塗抹厚厚一層於缸壁上，之後覆一層乾淨紗布於酒糟上，以避免酒糟和食材直接接觸。最後將食材依次放入並按實，上蓋一層紗布，紗布之上再覆一層酒糟後加蓋密封即可。糟貨的完成時間視乎食材多寡及肉的厚薄而定，一般一周之後已可食用，母親的規矩則是必須等足十天，因為糟貨的味道會隨著時間推移而逐漸濃郁，七天雖已可食用，但味還嫌不夠。

肉類在經過酒糟的浸染後變得比剛煮熟時更為鮮美，酒香深入肉中，酒糟令每種肉自身的味道更為集中，醃製與輕度發酵令肉類的鮮味進一步釋放。以糟雞而言，其連骨肉的鮮味最為突出，讓人欲罷不能，無論空口當零食吃還是下飯都是一絕，但糟貨較鹹，空口吃容易口乾舌燥。

糟豬肉要選肥瘦相間的五花肉，糟製後豬肉中的肥肉色如白玉，口感也變得爽脆，吃上去不覺得油膩；而瘦肉部分則十分鬆爽，味道鮮美又充滿酒香。糟豬肉切成薄片後即可食用，也可拿來與蔬菜同炒，糟肉片不僅可為蔬菜增鮮，炒製後其自身的風味亦進一步釋放。

十八歲離開嵊州赴京求學後，發現在外地根本吃不到如此美味的糟貨。我也曾在北京的浙菜館裡看到這一味，等服務員拿上來，才發現是真空包裝的預製貨色，色香味全輸，大呼上當。而大部分江浙菜館根本沒有糟貨供應，菜單上最多有糟鹵的小菜，與嵊州糟貨大相徑庭。因此每年過年回鄉，我都要大吃特吃糟貨，就算鹹到口乾亦不後悔。而且糟貨特別配黃酒，糟貨是酒的遺產所製，搭配上黃酒後美味加倍，兩者竟如此相輔相成，實難不佩服先人的智慧。

還有一樣東西，令小時候不愛喝酒的我又愛又恨，它也算是酒的近親——那就是母親常在家中製作的酒漿板。酒漿板就是甜酒釀，它的製作說難不難，說易卻也不好做，每個步驟都要仔細操作，不然要麼發不起來，要麼發酵過度，酒液不僅不甜還酸得令人皺眉。母親一般在冬夏兩季製作酒漿板，其餘季節若要吃，就要等售賣酒漿板的小販騎著自行車大聲吆喝著路過我家門口時，跑出去攔下他，買兩塊來解解饞。小販售賣的酒漿板是放在一個深約十五厘米的正方形大搪瓷盒裡的，上

上｜糟雞

下｜糟肉

有蓋子密封，每有客人來時，他才打開蓋子。只見搪瓷盒裡平鋪著一層酒漿板，看上去像小學食堂用蒸屜蒸製的白米飯。酒漿板以肥皂大小的長方形塊為單位售賣，那時候沒有什麼紙盒塑料盒，要買就得自己拿著碗盒過去盛。不過母親每次一嘗小販售賣的酒漿板就搖頭說，哪有自家做得細膩好吃！

製作酒漿板的原料非常簡單，不外乎糯米和甜酒麴。小時候家裡用得最多的是蘇州生產的蜜蜂牌甜酒麴，橙色的小袋子裡裝著如方糖般的白色酒麴，這是讓糯米變成酒漿板的功臣。嵊州話中，製作酒漿板的過程稱為「搭」，彷彿做甜酒釀猶如建造樓閣一般，不過此字用得確實精妙，製作酒漿板是需要一步步細緻搭來才能成功的。若要搭酒漿板，頭一天晚上睡覺前母親就會把糯米用冷水浸泡上，將糯米瀝乾水分後，就可上鍋蒸了。浸泡是非常重要的一個步驟，糯米要吸足水分，用手一捏即碎的狀態為佳，這樣的糯米蒸製出來才飽滿糯軟。蒸的時候要注意讓糯米均勻受熱，若夾生則後續的酒漿板製作會失敗，而蒸得過爛會導致酒液發酸發黏。一般蒸糯米需要三十多分鐘，蒸好後，將其攤放在大竹篾篩上令其散熱，待糯米溫度與人體體溫相仿時即可加入碾碎的甜酒麴，與糯米充分混合。然後將混合好的糯米裝入發酵所用的容器中，容器一定要洗乾淨，不可蘸染油水。我家一般用一個大的寬口搪瓷缸為製作酒漿板的容器，糯米全部放入後用手規整表面並輕輕壓實，再在中間位置用手戳出個小洞來，這是用來觀察酒漿板的發酵情況的。最後也可在糯米表層再撒些甜酒麴，隨後蓋上缸蓋待其發酵。

1｜搭酒漿板的過程：浸泡糯米

2｜搭酒漿板的過程：蒸製糯米

3｜搭酒漿板的過程：待糯米降至人體溫度

4｜搭酒漿板的過程：小時候家中一直用的甜酒麴

5 | 搭酒漿板的過程：將甜酒麴碾碎

6 | 搭酒漿板的過程：將甜酒麴與糯米充分混合

7 | 搭酒漿板的過程：等待酒漿板發酵完成

8 | 酒漿板可當甜品食用

夏天天氣炎熱，酒麴發酵效率極高，一般一天一夜就可見到小洞中酒液豐盈，幾乎要溢出來了，這說明酒漿板已完成，可以舀一勺品嘗了。冬天的時候不僅酒麴發酵所需時間更久，而且需要為酒漿板保溫。母親的秘訣是人穿幾層衣服就要為酒漿板缸包上幾層保暖布料。冬天時酒漿板一般發酵兩天以上才可食用，判斷標準亦是看糯米中的小洞是否被酒液填滿。

酒漿板度數不高，但甜度很高，有時候發酵過程中還會產生少許氣泡，冰鎮一下再吃簡直比喝汽水吃冰棍還要舒爽解暑。許多年後，當我第一次喝到香檳時，我一下子想起了那些在夏天吃冰酒漿板的日子，原來酒漿板早已讓我體會過如香檳般甘甜清爽的味道。除了直接吃，酒漿板還可以拿來與蛋液混合做甜酒蒸蛋，蒸好後的雞蛋蓬鬆綿密，甚至有點蛋糕的口感，非常美味。冬天時母親會搓糯米粉小圓子，與酒漿板和乾桂花同煮；這簡單的一碗酒釀小圓子曾在無數個濕冷的嵊州冬夜溫暖我。不過酒漿板雖易入口，吃多了還是容易頭疼發昏，可見我小時候對酒精耐受力之差。這也是我對它又愛又恨的原因所在，我愛酒漿板的清香甘甜，卻恨自己無法多吃幾口。

我在北京讀書時，常聽人說蘇浙人不擅飲酒，對此論調我總保持沉默，心裡卻頗不以為然。紹興是黃酒之鄉，嵊州人愛酒懂酒，雖然我們不產白酒，傳統上也不愛喝高度數烈酒，但這不代表嵊州人不擅飲酒。我們的酒文化只不過是以一種更雅致的方式在日常生活中代代傳承而已，餐桌上飲酒只為相聚時的歡愉，大可不必變成勸酒酗酒文化。

上｜酒漿板蒸蛋

下｜酒釀小圓子

各類酒猶如血液般流淌在小城軀體裡，嵊州人的飲食生活是充滿酒香的。炒菜燉肉離不開加飯酒，夏日解暑需要芳香甘爽的啤酒，冬日寒冷更要燙上一壺花雕溫體，親朋相聚時咪一口香甜醇厚的米酒，孩童們也嘴饞那綿軟清甜的酒漿板，一年三百六十五天，酒以及它的遺產一天都未曾缺席。

有時候聞到黃酒清香，眼前便閃現出當年那一幀幀與酒相關的歲月影像，彷彿我又回到了老宅裡，一踏進飯廳，父親已坐在上隍頭[4]主位上，面前放著一小碗黃酒和一盤油炸花生米，母親的菜還沒做完，他卻已經喝上了。等菜做好，我們也陸續入座，一家人有說有笑地品嘗著一桌豐盛的菜餚。興致好時，除了還年幼的我，大家都會喝上幾口黃酒。而我聞多了酒香，只覺暈乎乎輕飄飄的，不禁心頭一驚，才發現這二十多年前的幻影早已煙消雲散。真是年年酒香總相似，只是人不同。

註

1 本文部分內容撰寫於 2024 年 7 月 8 日、7 月 10-11 日，修改於 7 月 16-17 日；部分內容曾以《〈天祿瑣記〉題記》為題發表於 2024 年 7 月 26 日及 7 月 29 日的《大公報》副刊；2025 年 3 月 16- 17 日增刪定稿。

2 我的乳名，因我出生至讀幼兒園前都頗胖。

3 開耙是黃酒釀造的一個步驟，指釀酒師傅在酒醪發酵過程中，用木耙對其進行攪拌翻動。酒醪在發酵過程中會產生熱量，開耙可防止酒醪溫度過高影響酵母活性，還可釋放多餘的二氧化碳，並令酵母和原料均勻接觸。

4 上隍頭為嵊州方言，意即一桌的主位所在，通常為圓桌上朝門方向的中心座位。

老灶邊的外婆

1

小時候我最喜歡坐在灶頭後面為外婆生火，
灶頭裡煮熟的米飯有一種電飯煲米飯無法比擬的鍋氣，
只要聞到那樣的飯香，我就會想起外婆家的溪流山丘，
就會想起每次我們回山裡時，
早已在村口眺望等候的外婆。

母親兄弟姐妹七人，除了英年早逝的大舅和晚婚未育的三姨媽，其他姨媽舅舅們都有子女，因此我的同輩表親也人數眾多。我與外婆並不算親近，不知道是不習慣山裡的氣候還是小蟲叮咬所致，我從小一去外婆家住幾天，身上便會起紅疹子，因此我很少在外婆家過夜。

關於外婆的記憶都是逢年過節那一次次短暫的看望組成的。這些記憶原本並不鮮明，沉積在心底彷彿不存在一般；但 2012 年五月外婆去世後，它們卻時常莫名翻湧上心頭，或許，這是血濃於水的紐帶在冥冥中悸動吧。

我從小就是個貪吃的孩子，每每想起外婆，首先浮現在我腦海裡的是站在老灶邊的她。外婆低垂的雙眼慈祥地望著我，皺紋滿佈的手握著鍋鏟，奮力翻炒著大鐵鍋中的菜，鍋鏟和鐵

鍋摩擦發出一陣陣清脆的炒菜聲。自我有印象起，老灶就矗立在外婆家的灶間裡。寬闊的灶頭側壁上有兩個垂直凹槽，一個小些，放著些火柴和生火用的廢紙；一個大些，供奉著灶神。一個大鐵鍋裝嵌在灶頭中，旁邊則是小小的煮水鍋。高高的煙囪直通向屋頂，像要穿雲通天似的；煙囪邊的房樑上掛著一個竹飯籃，幽幽地懸在那兒，不顧世界的喧囂。

我的外婆家在嵊州里南鄉嶺根村，「里南」二字透露出此鄉的地理位置，它位於嵊州的西南部，且深居山中。這個鄉名乃民國二十三年（1934）所得，在這之前名曰「禮義」。而嶺根村的名字更是簡單易懂，此村位於山嶺之下，故名嶺根。我曾翻到一張上世紀四十年代的嵊縣舊地圖，上面將嶺根村寫為「岺跟」，「岺」乃「嶺」的異體字，「跟」與「根」意思相近，兩個名字並無本質上的區別。母親說這村子是北宋末年來山中避亂的陳老太公所建，村中祠堂至今還供著陳老太公的像，村中最大的姓依舊是陳。我外婆姓袁，如此推斷，她祖上應是外村遷來嶺根的。千百年來，村民們一直延續著修族譜的習俗，我外公這一支陳家到我母親這一代已是族譜上的絕筆了，因為我所有舅舅都只生了女兒，女兒按例是不進族譜的。

嶺根村村前有一條水量充足的山溪流過，汽車沿路駛來，都能聽到潺潺溪水的流淌聲。村裡的味道總是混合著草木灰燃燒後的焦氣、牛羊等家畜的糞便味道、山花的清香，以及一陣陣難忘的炊煙氣息，那是一種絕不能簡單地以香臭二字形容的味道，對我而言，那是回憶裡外婆家山村特有的氣息。

小時候我最喜歡坐在灶頭後面為外婆生火，將散發著清香的松木屑放進灶門裡，「呲」地劃燃一根火柴將木屑點燃，趁著火正旺的時候放進曬乾的細木柴，然後用一柄蒲扇使勁地搧啊搧，有時候甚至要用毛竹管吹風生火，外婆則在灶前炒著菜。年幼貪玩的我喜歡不停地往灶門裡加木柴，將火焰助長得又紅又高，外婆則會嗔怪說「成成，別加柴了，再燒就要把鍋底燒穿了！」我則只管咯咯地笑著，還是淘氣地繼續往灶膛裡加柴。灶堂裡的木柴慢慢燒成了黑色的炭，炭又燒成了灰，落進了灶底，時間一長，灰色的炭灰好似柔軟的棉被，在灶底積了厚厚一層。剛落下的炭灰很燙，外婆便會提前在灶底放一些雞蛋、麻糍、番薯、芋艿或洋芋艿[2]，做完一頓飯，這些小東西也正好被焐熟了。

老灶頭是如此充滿了魔力，即使是隔夜米飯，放在大鐵鍋裡一回鍋也變得飯香撲鼻，鍋底脆脆的一層鍋巴更是讓人愛不釋手，咬得腮幫子疼都不肯停口。那時候剛時興起來的電飯煲，雖然做飯省時省力，但卻只是中規中矩地把飯煮熟了而已。灶頭裡煮熟的米飯有一種電飯煲米飯無法比擬的鍋氣，只要聞到那樣的飯香，我就會想起外婆家的溪流山丘，就會想起每次我們回山裡時，早已在村口眺望等候的外婆。

外婆最拿手的菜是青蒜炒蘿蔔和筍乾菜蒸肉，這是再家常不過的菜了，但在她手裡卻能變成一等一的市井美味。蘿蔔是外婆自己種的，去了皮，切成薄片。燒紅鐵鍋後，放點香氣撲鼻的菜籽油，把蘿蔔放進鍋裡炒啊炒，一點點加飯酒一點點醬油一點點鹽調味，再加點水稍微燜煮一會兒，待蘿蔔綿軟入

此地好像時光停滯一般

味，往裡面加入一大把青蒜葉，再翻炒一下，一碗開胃的青蒜炒蘿蔔便做好了。母親見我吃得那麼歡，回家也如法炮製了幾回，但完全不能比擬外婆的版本。菜市場買回來的蘿蔔口感遠不及外婆親自種的，那蘿蔔隱隱的一絲甜味也不見了，個頭雖大，但卻寡然無味；家裡的小鍋更是炒不出大鐵鍋的鍋氣。

筍乾菜也是外婆自己曬製窖藏的，豬是自家養的，正月裡去外婆家一定會有這道需要火候和耐心的菜。每天外婆都會把這菜上鍋蒸製兩個小時，等到蒸了四五天時，瘦肉已變得鬆軟，肥油則浸潤到筍乾菜之中，讓原本有些乾澀棕黃的筍乾菜變得烏黑油亮又美味糯軟，這是吃這道菜的最佳時機。外婆的筍乾菜用雪裡蕻和春筍曬製而成，首先將冬日裡醃製好的雪裡蕻切成碎末，春筍切成細絲，然後用大鍋燉煮，當湯水煮出菜汁、香氣四溢時便整鍋倒出放涼。待菜冷卻後鋪在竹篾篩子上，放在陽光下曝曬數日，等筍乾和雪裡蕻末都曬得十分乾燥即可。外婆會將曬好的筍乾菜塞入大罎子中窖藏保存。冬日的午後，我們坐在院子裡曬太陽，外婆會用大鐵鍋烙出一張張薄軟的麥鑊餅，裡面裹上蒸透的筍乾菜和五花肉，拿來給我們當點心。吃完後，大家的嘴都是油露露的，如今想起那味道都會讓我飢腸轆轆。麥鑊餅是用麵糊在鐵鍋裡烙出來的，其不似春餅般薄，是有一定厚度的，因此口感上軟而勁道，並非酥脆質地。如今回嵊州，只看到學自北方煎餅的改良版麥鑊餅，又薄又脆，與原本的嵊州麥鑊大相徑庭，不知何處還能回味真正的麥鑊餅呢？

小時候我覺得外婆如同這灶火般永遠不會熄滅，每天挑水做飯，劈柴餵豬，還要照管那幾畝茶田。每當逢年過節我們回去看望她，她反倒還要照顧我們這群調皮的孩童。外婆那小巧的身軀支撐著一個龐大的家族，隨著時光流逝，外婆的身體也如同這老灶一般慢慢消耗了。前幾年放假回去，我才發現，短短幾年間外婆竟已如此蒼老，她曾經矯健的步伐變得蹣跚了，佝僂的身軀更是越發低垂，滿頭的灰髮已成銀白。那一年我用手機給外婆拍了好幾張照片，其中有一張是外婆和老灶的合影，一束陽光從屋頂的天窗射進來，使得外婆和老灶都顯得無比聖潔、無比寧靜。

外婆的年紀越來越大，慢慢的老灶頭用得也越來越少了，

傳統麥鑊餅，除了包筍乾菜，最常見的便是包豆芽菜。

畢竟劈柴燒火十分費力，就連提起那大鍋蓋也需要不少力氣。姨媽舅舅們早就給外婆買了煤氣灶和電飯煲，可我每次回外婆家總還是念念不忘那灶頭。去年正月裡回外婆家，發現那灶頭早已被煙燻黑，表皮也有些剝落了。很久前供上的灶神爺，原本光鮮的色彩早已暗淡成了一個灰黃的土坯子。厚厚的炭灰還堆積在灶坑裡，只是已不再鬆軟，也沒有了火炭的氣味，摸上去更是冰冷瘆人。一切都顯得冷冷的，暗淡無光。我已經好多年沒有嘗到那大鐵鍋飯的味道了，那種粗獷，鄉土，甚而有些原始的味道早已被現代廚具的簡單快捷所替代，而那一個個曾經忙碌在灶邊的人們也逐漸離我們遠去。

我的外婆

2011年秋天，外婆中了風，之後便一直臥病在床。我最後一次見外婆是在2012年的正月裡，那時她躺在嶺根老宅的床上，我站在床邊叫了幾聲「外婆」，她大張著嘴卻發不出聲音。母親對她說：「媽，還認得出這是誰嗎？」外婆吃力地點點頭，終於擠出一絲如喘息般的聲響，勉強能猜出她說的是「放假了啊？」我點點頭，摸了摸外婆滿是皺紋的臉龐，說了幾句無關痛癢的話。我們待了沒一會，想到時間已晚，還要趕回城裡的家中，於是和外婆告別，走出老宅穿過小巷，頭也不曾回地上車走了。誰能想到這竟是永別？

有時候，我會突然想起老灶邊的外婆。外婆微笑的臉龐，

沒想到那次走出這條小巷子即是與外婆的永別了

鐵鍋裡蒸騰的熱氣，還有房樑上咯吱搖晃著的飯籃……多麼遙遠的畫面，顯得那麼不真實。我的爺爺奶奶在我出生前便去世了，因而我概念裡的「老家」便是外公外婆的家。正月裡母親的一整個家族都會聚在那叫做嶺根的山村裡，老宅客廳中一個梨花木大圓桌，一大桌親朋，一大桌菜，一片談話聲，一屋子笑聲，這大團圓的景象是傳統中國人心中永遠抹不去的心願。我雖是八零後，心中依然珍惜這份大家族的血緣之情。

我記得外婆農閒時愛念經拜佛，她沒上過幾年學，認得的字不多，唯獨佛經上的字她全記住了。她甚至不太聽得懂普通話，只會嶺根口音的嵊州方言。但我總覺得外婆有一種老牛般的韌勁。她雖天性溫柔，但面對人生的種種苦難，她都能安之若素，在她年輕時，目睹了公公自殺的慘劇；在她中年時，經歷了大兒子因醫療事故去世的悲劇；在她老年時，送別了九十多歲高齡的婆婆……對於這個大家庭而言，外婆才是真正的精神頂樑柱。

如今外婆去世了，外公也住進了養老院[3]，山村中的老宅想必早已佈滿灰塵，那種正月裡的大團圓也不會再有，即使舅舅姨媽各家再聚在一起，也難以找回那種大灶老宅的溫情，畢竟一個失去母親的家庭永遠都是殘缺的。長大成人離開家鄉之後，我漸漸明白了一個道理，很多人和事，一旦失去，那就是一輩子的擦肩而過。

註

1 本篇寫於 2012 年 5 月 2-3 日，修改於 2012 年 11 月 6 日、2025 年 4 月 2 日。
2 洋芋艿在嵊州方言裡指馬鈴薯。
3 我外公於 2013 年去世。

外公與賀壽饅頭及其他

1

我曾試圖將記憶中關於外公的碎片串聯成一副完整的圖景，但每次總缺少諸多細節。

那一年，外公張羅著為外婆過七十歲生日，

忙得不可開交，這是我與他相處最久的一段時光。

相較於我姐以及一眾表兄弟表姐妹們，我也許是和外公外婆相處時間最短的一個孫輩。我小時候，家裡生意繁忙的時節，母親也動過讓我去外婆家住上一段時間的念頭。可我每次一去位於深山裡的嶺根村，身上就容易長紅疹子，不知是對什麼吃的過敏還是被山裡的小蟲子叮咬所致。外婆看我身體不適，也就不敢讓我久住，急忙讓外公把我送回城裡了。

自我有印象起，外婆就很少進城，有時候城裡的親戚有紅白喜事，她才會和外公一道來城裡小住幾日。他們二人中，進城較多的一定是我外公，逢年過節他要來走親訪友；自家田地上有什麼收成了，他要進城來售賣；農閒時候，他還在家裡編竹製品，掃帚、畚斗、竹籮和竹筐一應俱全，編完一批他就會坐車來城裡售賣，記得小時候我家用的竹掃帚就是他親手編

晚年的外公

的。外公雖然隔三差五就來城裡，但我和他的接觸也不算多，他每次進城一般待個一兩天就回去了；他來我家時，我也自顧自遊玩去，從不會坐下來和他聊天。印象裡他只是一個體格硬朗的老農民，這是我小時候對外公的全部認知。

有一年，聽大人們說外婆要做七十大壽，要好好慶祝一番，除了擺壽宴請親朋好友一聚，還要製作賀壽用的豆沙大饅頭。那一年，外公在城裡住了好幾天，主要任務就是為外婆張羅做壽的事，其中的要務是來城裡親自選購材料、親手製作包饅頭用的烏豆沙餡。外公選擇在我家製作豆沙餡，重要原因之一即是我家是製糖的，工具齊備，不需額外準備，只需去市場上買入優質黑豇豆、黑油麻[2]等原料即可開始製作。那是我印象裡外公在城裡住得最久的一次，夏末好幾日都看到他忙裡忙外，一刻不得閒。

我問母親和小娘舅，外公在我家親手炒製豆沙是哪一年呢？小舅給我報了外婆的身份證號碼，讓我自行推算，我才知道外婆是 1932 年生人。嵊州人賀壽都按虛歲，所以外婆七十大壽應該是 2001 年時做的；後來我與小舅媽確認了時間，的確是 2001 年，外公外婆的這些瑣碎舊事沒人比小舅媽記得更清楚。2001 年，我已經上初中，而我們所住的老台門也在 1998 年遭了火災，早不是當年的古雅模樣。火災發生在正月初一清晨四五點，幸好內院外院之間有石牌坊阻擋，火勢沒有殃及位於外院的我家，但整個內院全部焚毀，鄰居們有被燒傷的，也有財產損失慘重的，但好在沒有生命之虞。火災過後，老鄰居們四散天涯，當年老台門裡的生活成為回憶。兩年後，台門重建為毫無意趣的簡陋現代住宅，而我們也在幾年後搬離此地，住進了現代樓房裡，因此我印象裡那五年是世事突變，新舊無情更迭的年月。

記得那年討論給外婆賀壽事宜時，母親提議在城裡找一家出名的賀壽饅頭作坊，按我們要求製作即可，沒有必要大動干戈親自製作。可外公死活都不同意，說外頭那些作坊偷工減料，做出來的饅頭哪有自家做的好吃，送出去也沒面子。大家執拗不過他，也就只能同意自家做饅頭了。印象裡外公的脾氣一直是剛硬執拗的，因此他和脾氣剛直的三姨娘似乎總有齟齬，父女倆總搞得水火不相容。

賀壽饅頭的樣子如圖。這裡展示的是某年在外婆家烤著吃別人家送來的賀壽饅頭的場景

我在寫嵊州小籠包時，仔細談過為何嵊州人稱包子為饅頭，這裡不再贅述。所謂的賀壽饅頭，其實是豆沙餡的大包子。外公認為，包子必須現做現蒸，趁熱送給親朋好友街坊鄰里，那才有誠意和面子。豆沙在我家製作，待豆沙冷卻後，再運回嶺根村去做饅頭。製作豆沙那天正好是週末，我也在家，因此目睹了全過程。賀壽饅頭要廣發眾人，因此豆沙餡的用量大得驚人，我家的三芯煤餅爐子配上煉糖所用的巨大鐵鍋是再合適不過的製作工具，記得外公做了滿滿一大鐵鍋的豆沙餡。

我小時候常吃到的豆沙有烏豆沙和紅豆沙兩種，紅豆沙司空見慣，各地都有食用；但在嵊州的日常吃食中更常用的反而是烏豆沙。嵊州話說的「烏顏色」即是黑色的意思，口語中說

「黑色」會顯得太過文縐縐，故而烏豆沙其實就是黑豆沙。這黑豆沙所用的原料是黑豇豆，而不是日本新年御節料理中用的黑大豆。母親頗愛黑豇豆，端午、過年時包粽子總要包一些黑豇豆餡的，而我小時候不愛吃粉粉口感的食物，黑豇豆亦在其列，但母親總說黑豇豆好吃且對身體有益，老讓我吃，而我總不願吃，一來一去，我對這個豆子就留下了很深的印象。後來我才知道黑豇豆確實對身體有好處，因它升糖指數很低，有利於調節血糖水平，不過兒時的我怎會知道這些，更何況我那時候也毋須擔心自己的血糖水平。

說回烏豆沙的製作，以前我只在吃食中見過做好的豆沙，從未留意過烏豆沙是如何製成的，直到外公帶領著全家人在我面前完整演繹了一次後，我才知道這看似普通的烏豆沙原來要費如此一番功夫。

黑豇豆買回後，先要洗淨，再浸泡過夜，待豆子吸水膨脹後即可下鍋烹煮，煮豆子需要較長時間，因要將黑豇豆煮到軟爛為止。將煮軟後的豆子放入大搪瓷盆裡搗成泥，那時候家中何來攪拌機？所有步驟都是手工，這搗泥的工作全靠一根粗大的形如人腳的木製鹹菜腳[3]進行，只見外公拿著這木腳反覆踩壓煮得十分軟爛的黑豇豆，直至豆子無形可辨，全成了豆泥為止。為了給豆泥增香解膩，還要在搗製過程中加入糖漬金橘碎末，此思路與粵人在紅豆沙中加陳皮之法可謂英雄所見略同。

豆泥搗好後，就到了艱苦卓絕的豆沙炒製環節了。只見外公將一大塊豬油倒入大鐵鍋中，待豬油化開，他又將搗好的豆泥和大量白糖紅糖倒進鍋裡，然後用大鏟子不停翻炒。這期間母親仔細地看著火，生怕火力不穩影響豆沙的炒製。炒豆沙是慢工出細活，一定要十分勤快地翻炒，一偷懶，豆沙底部就容易發焦，無論是糖還是豆沙炒焦都會發苦，一整鍋豆沙的味道都會不對勁。炒的過程中，還需看豆沙的狀態再次補入適量豬油，每一步都馬虎不得。慢慢地，大鍋裡的豆沙開始咕嚕咕嚕冒泡，逐漸變得黏稠起來，而糖也早已化為糖漿，緊緊與豆沙融合在一起，再分不出彼此了；豬油浸潤進豆沙，令豆沙顯得十分油亮誘人。我站在一旁，聞著豆沙的香氣越來越濃郁，鍋裡的豆沙也開始濃稠，最後只見外公加入黑油麻，又翻炒了一陣，豆沙的香氣裡又加入了一層油麻的幽香，讓人聞之已垂涎。這時，外公說豆沙差不多了，可以熄火了。

炒製豆沙的時候，外公已滿頭大汗，但他幹勁十足，絲毫不顯疲憊。他用兩塊濕布抓住這無柄大鐵鍋的兩側，小心翼翼地將其轉移去了裝滿冷水的鋁製大盆上。裝著豆沙成品的鐵鍋漂浮在大盆中的冷水上，借冷水令豆沙慢慢冷卻，以便後續使用。一開始我看著那大量的糖和豬油，心想這豆沙得多甜膩啊，偷吃一口才發現，炒好的豆沙竟然綿軟清香，甜度適中，初入口有油麻香氣，尾韻又透出淡淡的金橘香，味道十分平衡。

現在回想起來，我真佩服外公的體力，那一年他已七十二歲，忙裡忙外好幾天，都未見他停歇。豆沙冷卻後，外公將它包裹妥當，第二天一早就帶著豆沙坐車回嶺根村去了。

外婆的賀壽饅頭要回嶺根製作，這樣才能趁熱把剛蒸好的饅頭派發給親朋鄰里。我記得母親也與姨娘娘舅們一同回嶺根去幫忙了，畢竟要做那麼多大饅頭。雖然我要上學，沒法跟著

在老灶邊幫外婆生火的外公

母親回外婆家圍觀饅頭的製作，但我能想像那一屜屜大竹蒸籠上排滿豆沙饅頭的壯觀景象。蒸製好的白麵饅頭上，還要蓋上大紅壽印，才算製作完成。

待饅頭不燙手後，母親和兄弟姐妹們將其一對對裝袋，並連同其他賀壽禮物一份份擺好，之後就是挨家挨戶派發了。當年母親正值壯年，她自告奮勇騎著三輪車到處派發賀壽禮物。穿過一條山坡邊的小路時，母親的三輪車一不小心打偏側翻，幸好小姨娘在後面拉住了車子，母親只是摔得鼻青臉腫牙齦出血。如若不然，人車一同滾下山坡，後果就不堪設想了。

那一年，外公張羅著為外婆過七十歲生日，忙得不可開交，這是我與他相處最久的一段時光。我印象裡外公雖然頭髮鬍子花白，但一直非常健碩，只是年紀大了牙齒蛀了兩顆，用銀牙鑲上了而已，平日裡根本沒有什麼小病小痛。他與外婆常年務農，記得我小時候，早稻成熟時，母親還要偶爾回村幫忙收割。

他們每年都養豬，到年關將至時，外公親自殺豬，據母親說外公身手矯健，一把殺豬尖刀就輕鬆搞定一頭大肥豬。這場景我自然從未親眼見過，嵊州人常說小孩不能見殺生，不然會讀不好書，可我小時候最愛觀察母親殺雞宰鴨，倒也對學習成績毫無影響。

每年過年前，外公會用布袋包裹好新殺的鮮豬肉，外面用大麻袋套上，然後親自把豬肉給我們送到城裡來，我們與在城裡生活的姨娘小舅按需分配，我家人多，自然分得也多。母親有時候偷懶，把新鮮豬肉洗淨後切大塊放進電飯煲裡與飯同煮，謂之「飯焐肉」，待電飯煲裡熱氣升騰，米香夾雜著豬肉誘人的香氣緩緩溢出鍋來，繼而四散而去，滿屋子都是讓人垂涎欲滴的飯肉香味。飯焐肉只需要切小塊，蘸一點醬油同食即可，一入口肉香充盈口鼻，絕無豬騷味，那時候覺得，豬肉就該是這樣的味道，後來才知道這樣的豬肉味道在大都市裡簡直是奢侈品。

我對外公的印象都很碎片化，每年去外婆家，他除了吃飯時出現，也不常在家，不是去找朋友打麻將，就是去忙農活了；他若來城裡看望我們，也是吃頓飯就匆匆離去，似乎自己

飯焐肉

要在城裡辦很多事兒似的。不過，兒時記憶裡關於外公的事兒，還有幾件值得一提。

1996 年，中國全面禁槍前，外公和二舅家都還有獵槍。農閒時，外公常去山裡打獵，南山裡野生動物不少，梅花鹿、野豬、小麂、獐、花狸貓等等都有分佈。據外婆說，舊時還有黑熊和狼等猛獸出沒，家中養的雞鴨豬常遭襲擊，因此村裡有獵戶定期上山狩獵除害。打來的野獸，皮可曬乾售賣，肉可食用。據《剡錄》記載，剡地在宋代不僅有黑熊，還有羆，嵊州圖書館的《剡錄普讀本》中注解說羆即棕熊，對此我持保留意見，所謂羆可能是體形較大的亞洲黑熊個體，理論上浙江沒有棕熊分佈，此乃題外話。因為外公和舅舅打獵，所以我在小時候也吃到過一些合法的野味，比如野豬，當年還非保護動物，且數量眾多；平日裡趁人不注意，野豬常來村裡毀壞農田、滋擾村民，因此是獵戶們打擊的主要對象。

我記得有一年，外公打獵時捕獲一隻翅膀受傷的鳥，那鳥兒求生欲很強，雖然受傷卻還不停掙扎，於是外公將牠帶到城裡給我當寵物養。我不知道這是什麼品種的鳥，只記得牠瘦瘦小小，腿有點長，通體烏黑，鳥喙卻是黃色的。父親和我養好了牠的傷，但牠也不再飛走，就在我家住下了。這鳥很聰明，與人親近，和我感情也好，我每日放學回家就愛和牠玩鬧。可惜好景不長，某天母親出門去，小鳥剛好在門檻邊啄食小蟲子，母親一關門，直接夾斷了牠的脖子，鮮血流了一地，這鳥就這樣一命嗚呼了。這是我第一次面對生命的逝去，尤其是與我產生了情感聯結的生命。我大哭了兩天，很長時間都不肯理我母親，覺得與她有不共戴天之仇。外公得知後，說以後再捉隻鳥送我，不過此事隨著獵槍上繳後，再無下文了。

舊時，嶺根的山溪裡還有野生的河鰻與甲魚，母親常和我念叨說，那鮮美的味道怎是養殖的可比？不知我的記憶是否準確，在我很小的時候，外公還在山溪裡捉到過野生河鰻，只不過此鰻個頭很小，看樣子還是一條未成熟的幼鰻。再後來，山溪裡就只有蟛蜞和各類小雜魚了；到我讀大學時，溪水被村民們傾倒的垃圾和廢水污染，加之電魚的惡行屢禁不止，山溪裡的魚蝦蟹幾乎絕跡，令人扼腕歎息。

關於外公的記憶都是像這樣的碎片，而他的過往，我也是

上｜溪中的小魚

下｜小雜魚簡單油炸就十分美味

許多年後零零散散地從母親和姨娘娘舅處聽得。上大學後，我總想著找機會問問外公他小時候的事情，再聽他說說抗美援朝的經歷，還有他零星提起過的上甘嶺戰役。可我離鄉赴京讀書後，每次回外公外婆家都行色匆匆，哪有機會好好坐下和他聊天？2013年外公病逝，他的那些人生故事也隨之沉入時光大海中，迴響在人間的只有母親和她的兄弟姐妹們口中拼湊出來的片段，其中的細節都已模糊，而事實也常有互相衝突的，可見歷史多麼容易產生錯訛，連子女都無法列清楚自己父親的人生履歷。

在我上小學前，太外婆還在世，只不過她得了阿茲海默症，總把我認成我的那些姨表兄長們。這位出生在光緒三十年（1904）的女性，一輩子生了十二個子女，夭折了十人，我很難想像她所經歷的苦難，也無法理解她是如何在子女一個個凋零時，繼續堅持生育的。母親說，1949年她出生後，太外婆還生過孩子，我母親不記得那是個小姑還是小叔了，因為這孩子在還未得名前就已經夭折了。許是舊時沒有完善的避孕措施，生如此多子女並非太外公和太外婆本意，而夭折十人的慘劇更只可歸咎於當時山村裡粗劣的衛生條件和不科學的養育方式。

倖存下來的兩個孩子，一女一男，一姐一弟，這弟弟就是我的外公。她的姐姐，也就是我的姑婆，據說是唱越劇女老生的，二十多歲嫁來城裡，是我太姨婆——即她的親姨媽——做的媒，可能彼時能從山裡嫁來城裡已是好事，由不得人挑三揀四，姑婆嫁過來才發現姑丈公是個跛腳。母親說，上世紀四五十年代，城裡人家也是燒柴生火做飯的，煤餅爐子都尚未

我小時候，嶺根人還以燒柴為主，外公也要定期去山裡砍柴。

普及開，因此還有柴行這樣的存在，姑丈公就在城裡的柴行做出納。姑丈公腿不利於行，每天早上都是姑婆背著他去上班的。結婚幾年後，他倆一直未能生育，姑婆就被街坊鄰里說閒話，有刻毒的人說，沒有孩子也好，反正背老公也跟背兒子一樣。人言可畏，姑婆受不了這些閒言碎語，年紀輕輕就上吊自殺了。於是太外公和太外婆只剩下了我外公一個獨子。

1953 年外公抗美援朝回國，隨部隊駐紮在江蘇木瀆鎮，上級本想送他去軍校深造，他也有此意願，於是寫信讓外婆和才四歲的我母親搬去木瀆和他團聚。在外公的遺物中，還有 1953 年年底在正規軍事練兵中取得的三等功證書，立功地點寫的是江蘇省昆山縣。1953 年，我外公才二十四歲，正是青

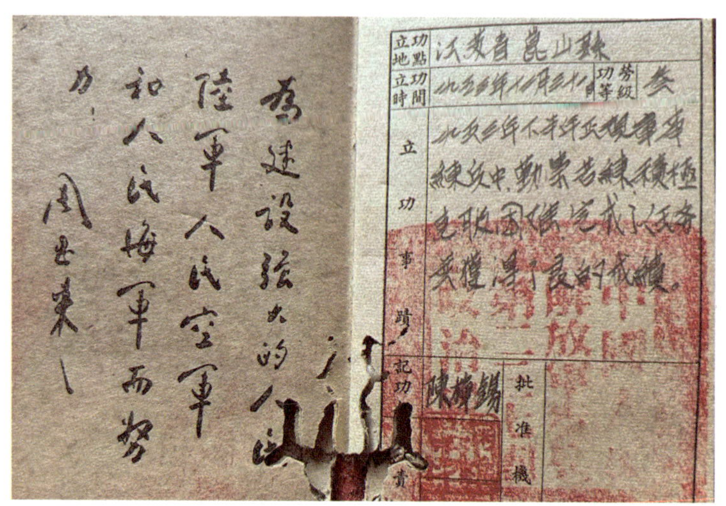
為建設強大的人民陸軍人民空軍和人民海軍而努力！
周恩來

立功地點
立功時間
功勞等級 叁
立功事蹟
記功負責
批准機

外公的三等功證，其他參軍相關的資料多已不存。

春年少，意氣風發時，我想那時候的他一定對未來充滿了憧憬吧？而且他剛參加完抗美援朝，九死一生，平安回到祖國後，彼時的他對祖國，對自己的人生，對未來的生活得有多大的希冀啊。可是太外公無論如何都要他回鄉務農，父親嚴命緊，外公也不敢忤逆，但我想，他一定是做過掙扎斡旋的，或許他希望父親至少允許他退伍後留在城裡。因為母親說上世紀五十年代時，外公外婆和她在城裡住過一兩年。也許正是因為外公是家中獨子，姑婆又早逝，而且當時外公只有我母親一個獨女，未有兒子，所以他從朝鮮戰場回國後，太外公無論如何都要他回鄉，那個時代的人，恐怕無論如何是繞不過心裡傳宗接代那道關的。

在城裡延宕了一段時間，外公還是聽從父命搬回了嶺根村，徹徹底底地成為了一個農民。我常在想，外公在後來的歲月裡是否經歷過一次次內心的掙扎，他是否幻想過當初如果留在部隊裡的話人生會有怎樣完全不同的際遇？當 1959 年，太外公因為政治原因喝農藥自殺的時候，外公是否萌生過重回城裡的念頭？他究竟是如何在青春年少時，放下自己的大好前程，從此面對黃土背朝烈日地安心做一輩子農民的？我每代入外公的人生，心裡就充滿了遺憾，那種悵然若失，悔恨無門的糾結情緒常讓我鼻頭一酸，眼眶也不知不覺地濕潤了。

但也許是我自作多情了，畢竟每個人的心思他人都無法完全參透，今時今日與當年當日也全然不同。我曾試圖將記憶中關於外公的碎片串聯成一副完整的圖景，但每次總缺少諸多細節，就連母親和姨媽舅舅們也都各執一詞，再也理不清頭緒了。

只有那個炒烏豆沙的下午，在我腦海裡記得最清晰顯得最真實，因為那是我為數不多與外公一同在場的經歷，那天下午滿頭大汗的外公，也成為了我往後歲月裡時常想起的畫面。我想，在他為妻子七十歲壽辰親手做烏豆沙饅頭時，他至少內心應該是幸福的吧？果真如此的話，那我也不必為他的人生感到遺憾了，一切的遺憾就讓它如烏豆沙的香氣般消散在記憶的長廊裡，永不再記起吧！

註

1 本篇寫於 2025 年 3 月 23- 24 日。

2 油麻是嵊州方言，即芝麻。

3 用來踩壓鹹菜的木質工具，底部是腳狀木塊，上接一根長木棍。

母親的廚藝與口味

1

母親的廚藝給了我一個美味的童年，亦培養了我對飲食的熱愛，在潛移默化中影響了我的飲食偏好。
只有在走出家庭，離開家鄉，到大千世界一闖，
與其他人的口味發生碰撞後，我才明白童年美味對我影響之深。

小時候我們全家人很少去餐廳吃飯，一來彼時嵊州的社會餐飲並不發達，只有在去大城市遊玩時我才能去好餐廳打牙祭；二來我母親擅長烹飪，她總覺得外食是對她廚藝的無聲批評。母親的廚藝與口味對童年的我影響頗大，某種程度上她的烹飪是我味蕾的啟蒙，也奠定了我味覺審美的基礎。家庭對一個人的影響之大，是在成年後逐漸體現的，這一點真實不虛。

打我記事起，家中烹飪一概由母親負責。不過早餐是不包括在內的，因為母親以前習慣晚睡晚起，而我上學又早，早餐一般由早起的父親負責。平日裡的午飯晚餐，對她而言是小事一樁，不值一提。自我出生到初中那些年，我家吃飯的嘴可不少，除了我們一家四口，在很長一段時間裡姨媽舅舅們、姐姐的閨蜜朋友們、父母的朋友們，乃至鄰居哥哥姐姐們都會時不

一桌子母親做的家常菜

時來我家吃飯。因此我印象中，我家每天開飯都是滿滿一桌菜，猶如吃席。若是到了大時大節，母親還要負責烹飪更多菜品，除了三姨媽偶爾會來幫忙，大部分時候她都獨自完成備菜烹飪和清洗打掃的全過程。除了正餐，還有各類點心小吃夜宵，母親也一概負責，依時應節地為全家烹製不同吃食。如今回想起來，母親當年的烹飪任務真不輕鬆！以前對此未能感同身受，直至疫情第一年幾乎天天都在家做飯，時間久了覺得十分勞累，甚而幾個菜做完自己卻沒了胃口，回想當年母親的下廚強度，佩服之情油然而生。這些年母親的腰不太舒服，姐姐不太讓她下廚，可每次我去姐姐家吃飯，母親總還是會張羅幾個我愛吃的家常菜。

就算吃慣了山珍海味，母親的菜永遠是百吃不厭的。客觀來看，母親的廚藝確實是家庭主婦中的佼佼者，除了家常菜餚烹飪，她還十分擅長麵點製作，這是很多南方家庭主婦不掌握的技巧。究其原因皆因童子功好，母親作為家中長女，很早就擔負起輔助父母照顧弟弟妹妹的責任，因此也就一早跟著外婆學廚。雖然不能說外婆家的烹飪技法有多專業，但在山村裡凡事都要親力親為，甚而連製醬擀麵打麻糍（年糕）殺豬宰雞都要親自上手，自然練就了她一身十八般武藝。說來有趣，我姨媽們的廚藝水平是按輩分遞減的，母親作為大姐最善烹調，到我小姨媽則連下廚都不願意了。舊時農村家庭秉持君子遠庖廚的思想，因此舅舅們當然是絲毫廚藝都未掌握。

我曾以為尋常人家吃飯就該是餐餐都滿滿一桌菜的，直到後來同學叫我去家裡吃飯，才發現即便是待客，他家也就四菜一湯。後來我叫同學來家裡吃飯，他們看到這麼豐盛的菜式，品嘗到母親的手藝後，簡直樂不思蜀。姐姐以前也常邀請同學朋友們來家裡吃飯，她的閨蜜們都叫我母親為乾媽，幾十年過去，每年我們過年回家，她們肯定要來我家吃上一頓乾媽的住家菜。母親的拿手菜非常多，只能擇幾道我時常想念的簡而述之。

她做的白切雞我在其他文章中已有提及，真乃原汁原味，令人想起來都垂涎，而母親徒手撕雞的畫面更久久刻在我腦海裡，是當年大家庭吃飯的歡樂回憶之一。肉類菜式是母親最擅長的，除了白切雞，還有薑燒鴨，此菜以本地養的大白洋鴨為原料，生薑為輔料，先炒後加老抽生抽料酒等調料同煮，收汁

上｜豪放的白切雞

下｜紅燒膀子

後整個砂鍋上桌，十分壯觀。鴨肉的味道與薑相宜，肉質燉得軟嫩得當，又有淡淡薑味，是全家都愛的一道菜。除了洋鴨，本地的麻鴨也是母親愛用的食材，但麻鴨處理不當易有腥膻味，母親的做法是將麻鴨先全身抹鹽和加飯酒略醃入味，然後與大量花椒同蒸，待鴨肉鬆軟即可出鍋。花椒自然棄之不吃，但鴨肉已經吸足花椒的香氣，肉質噴香鮮美，除了花椒清香和鴨肉自身的肉香外，絕無膻味。

豬肉在我家的餐桌是每日都見的常客，作為配菜自不用說，用較肥的豬肉煎出香味濃郁的豬油，再與蔬菜同炒，有錦上添花之妙。以豬肉為主料，母親最擅長的有筍乾菜蒸五花肉、紅燒膀子以及家常紅燒肉。筍乾菜蒸五花肉後文再談，先說紅燒膀子。小時候聽母親說今天燒膀子吃，我總以為是說燒「胖子」，而我幼兒園前因為很胖，故得一乳名「小胖」，一聽要吃「胖子」就心有戚戚焉，後來才知道這說的是蹄膀的「膀」！

母親燉的紅燒膀子選足斤足齡的本地豬，一隻蹄膀就大得嚇人，父親從菜市場買它回來後，母親就要開始處理了。我家有專門拔豬毛用的鑷子，母親會抓著蹄膀仔仔細細地拔乾淨肉眼可見的所有細毛，就算只露出一點尖兒的也要拔走，不然豬皮一受熱收縮，這些細毛就戳出來了。蹄膀要先用冷水加薑片大蔥飛水，水滾後浮沫飄起就可出鍋用清水沖洗了。後面是漫長的燉製過程，母親的燉法沒什麼機密，就是將膀子放入大燉鍋中，加黃酒、水沒過之，另加冰糖、醬油、蔥結和薑片後即可開火燉煮，大火煮沸後轉小火燉上三個小時。母親會用大量的黃酒來燉煮膀子，因此湯一沸，整個院子都能聞到濃郁的黃酒香氣，我小時候最怕黃酒味道，一聞到就頭暈腦漲；到後來肉香釋放，與黃酒香合成極溫柔誘人的混合香氣，我才覺得舒服。燉好的膀子色澤紅潤誘人，形狀完整，但用筷子一夾就斷，皮潤肉鬆，全然入味。夾一塊皮肉相連的膀子放在白米飯上，再加上一勺燉膀子的肉汁，其他菜都不需要，一碗米飯就輕鬆落肚了。除了蹄膀，母親也愛燉豬腳爪，也即豬蹄。豬腳爪不需要燉煮那麼久，吃的是彈牙的腳掌肉、有嚼勁的蹄筋和豬蹄尖那一小塊嵊州人稱之為「荷花蕊頭」的肉，此肉充滿膠質，十分彈嫩，是母親最愛的部位。不過她總是讓給我吃，她告訴我這是豬蹄最美味的部位；我當時不解其中味，現在才知道這塊肉的特別處。

紅燒肉就顯得稀疏平常了，不過中國各地似乎每戶人家都有自己版本的紅燒肉，我母親的版本勝在選料講究，燉煮得軟嫩入味，而且肉塊大小至少是別人家的兩倍。母親覺得紅燒肉改刀細小顯得小家子氣，吃起來也不過癮，一口下去肉味還沒嘗透就已落肚，不如切成大塊，每人夾一塊細細品嘗。母親做紅燒肉不炒糖色，而以老抽上色，黃酒增香，生抽添鮮，並加入蔥結、薑片、桂皮和八角同燉，成品也是紅亮誘人，鬆軟化渣，且有馥郁的香氣。

蹄膀豬蹄也好，紅燒肉也罷，母親一做就是一大鍋，當天吃不完，放到夼櫥裡就會變成肉凍，次日早餐如果吃麥麵、榨麵或飯湯，就可掘出一塊肉凍埋進湯裡，待肉汁化開，肉塊回溫，那味道更比前一日濃郁。

嵊州雖不臨海，但河道縱橫，水產豐富，且有大量運自寧波的海鮮售賣，因此各類水產也是母親常用的食材。河魚裡她最常做鯽魚，之前有文章述及，不再贅述。還有一道她的河魚保留菜式是胖頭魚魚頭豆腐湯，此湯用俗稱胖頭魚的鱅魚魚頭製作，嵊州南山水庫產鱅魚，菜市場常有碩大魚頭售賣。這魚頭除了做湯也可紅燒，但我家以魚湯做法最受歡迎。母親將胖頭魚魚頭煎酥後，移入湯鍋加大量清水、黃酒、薑片和蔥段燉煮成奶白色，再加入多孔吸汁的老豆腐同煮，而點睛之筆是一點點紅辣椒，為鮮美濃郁的魚湯加了一點後勁。這辣椒是母親的創意，本地人甚少吃辣，一般人家做胖頭魚湯是萬萬不會加辣椒的，但我小時候就覺得正是這一點辣味讓整個湯的鮮美度大幅提升。

鄰居家的哥哥們有時候也來我家蹭飯，他們覺得我母親的菜更好吃。不過，吃人嘴軟，因此他們也就時常照顧我，把我當親弟弟一樣。那時一到夏日，他們放學或下班後會去剡溪裡游泳，我姐和我也常跟著去。我小時候不會游泳，他們就用大輪胎內膽做救生圈，讓我穩穩地坐在上面，並且選擇較淺的河灘游玩，這樣就萬無一失了。游泳的副產品是大量的黃蜆和螺螄，游完泳正是傍晚時分，新鮮摸來的貝殼剛好拿回去加菜。

母親煮的黃蜆湯極其鮮美，加少許鹽和蔥花即是一碗清鮮純澈的蜆湯了，拿來單喝或淘飯都極佳，不過湯底常有沉沙，最後一口是不能喝的。母親愛吃螺螄，最常做的是醬爆螺螄。炒之前先要用粗剪刀剪去螺螄屁股，不然一不入味，二吸不出螺螄肉來。炒螺螄之法無甚秘訣，無外乎火要旺，手勢要利索，以蒜蓉、薑蓉和蔥白墊味，加黃酒去腥增香，最後以鹽和醬油調味，收汁撒一把蔥花即可出鍋。母親非常擅長吸螺螄，只見她用筷子優雅地夾起一粒螺螄，對準螺螄口用嘴一嗦，整顆螺螄肉就吸出來了。可我小時候怎麼學都學不會，只能用牙籤去挑出螺螄肉來，年紀大了反而領悟到了吸螺螄的竅門，有一天突然就會嗦了，也許基因裡帶來的技能突然被喚醒了吧。

除了黃蜆和螺螄，以前剡溪裡還有不少巨大的江珧，黑黑長長一頭寬一頭細，宛如一把刀豎插在河沙裡。母親將江珧清洗乾淨後，直接放在三芯爐火上烤製，江珧受熱開殼後倒上黃酒去腥，再撒上蒜蓉和蔥白增香，並用鹽花醬油調味，最後鋪上一層雞蛋液，再撒上一把蔥花即成。吃的時候，母親用廚房剪刀將江珧肉剪成小塊方便我們食用。那時候剡溪水未受污染，裡面的江珧不僅多且肥美，如此烤製後肉嫩汁鮮，如今怕是很難在剡溪裡尋覓到這麼美味的江珧了。

以前，東海漁場的魚諸如鯧魚、黃魚和帶魚捕撈上岸基本已死；九十年代物流又不發達，這些魚運到嵊州時更是早已死透。後來我見到如銀腰帶般閃亮奪目的帶魚時，才知道原來那粉渣渣的破碎細鱗並非帶魚本相，而是因為運輸保存技術不佳導致魚體嚴重受損。即便這三種魚已不鮮活，但嵊州人獨愛牠們，雖然石斑這種生命力旺盛的淺水海魚運來嵊州時仍活蹦亂跳，但問津者少。鯧魚品種繁多，母親獨愛白鯧魚，牠個頭不大，上半部分顯出淡淡天青色，身體大部則為白色，魚鰭邊緣有黑色描邊，顯得自身輪廓分明；後來我才知道新鮮白鯧魚應有銀光色澤，上半部分接近魚鰭處在燈光下更應有彩色光澤。

上｜煮螺螄

下｜黃蜆湯

單鮑蒸鯧魚

由於鮮度不及河魚，母親做白鯧魚基本只有單鮑後清蒸或紅燒兩種做法。

嵊州話的「單鮑」是指用鹽塗抹魚身稍作醃製，鮑字在古代指鹹魚，此處引申為用鹽醃魚之意。單鮑後的白鯧魚倒上黃酒，加上薑片蔥白同蒸即可，母親則會再加些新鮮蒜片增香。單鮑的做法對於黃魚和帶魚亦適用，是處理新鮮度不夠的海魚的妙法；當然新鮮海魚也可如此處理，單鮑可進一步激發出魚肉本身的鮮甜。紅燒魚則大同小異，無外乎用油稍煎後，加適量清水、黃酒、醬油、青蒜段、薑片和少許乾紅辣椒同煮，待收汁後即可出鍋，這一做法類似台州溫州的家燒。母親十分擅長紅燒海魚，她燒的魚魚身完整，魚尾不斷，紅燒後裝至盤中魚肉不碎。黃魚也基本以這兩種做法為上，寧波人用雪菜煮大湯黃魚，嵊州人似無此習。但帶魚的做法就要多些，母親除了單鮑蒸和紅燒外，還會選魚體較窄肉稍薄的中小帶魚做酥炸，醃製入味的帶魚炸後酥脆鹹香，是父親的下酒好菜。

母親也擅治海裡的蝦蟹和貝殼，這兩類海鮮常可買到鮮活的，質量好夠新鮮的自然清蒸或白灼吃其原味即可，有時候為了換換口味，她也會做蔥薑炒蟹之類充滿鍋氣的菜式。東海產短蟶子，運來嵊州時還裹著一層髒兮兮的海泥。父親選購好後，攤販用水管將蟶子沖洗乾淨再稱重，雖則泥沙沖沒了，但蟶子吸了不少水，重量也增加了。待父親拿回家，蟶子早已在袋子裡吐了小半袋水了，這是當時攤販的小把戲。母親做蟶子一般就是薑蔥炒，東海短蟶十分肥美，用減法去烹飪即可，炒好後的蟶子軟嫩可口，連汁水都極鮮，正好倒來淘飯吃。

母親的拿手菜怕是說上三天三夜也難窮盡，我還是就此打住，不然一本徐媽媽菜譜的大綱就要成文了。除了每日的烹飪，母親一年四季總是在廚房忙個不停，還有大量時令的飲食工作要做。

傳統上嵊州人遵守不時不食的理念，根據節氣的變化，不同食材輪番上市，母親也會為全家做很多時令的吃食，在這個過程中我逐漸獲得了對於江南四季輪轉的感知力。清明時，她要摘艾草做青餃；端午則包粽子；夏日炎炎，隔三差五母親就要給全家煮綠豆湯解暑；秋日天乾氣燥，總要煲點紅棗銀耳羹

上｜紅燒帶魚

下｜炸帶魚

潤喉；年關將近，則要將農村親朋送的麻糍泡水保存，還要包過年粽子等等。

那時的嵊州人為了讓一些季節的風味可以跨季留存，還會以曬製和醃製的方法去保存當季的風味，這也是母親廚房工作的一部分。開春時要曬筍乾菜和筍乾；夏天要把新上市的莧菜莖醃起來做成黴莧菜梗；到了冬天更是忙碌得不得了，醃雪裡蕻和蘿蔔、醃製陰乾鹹肉等等。小城的飲食生活跟隨時令而變，母親則如有三頭六臂般樣樣應付得過來，我印象裡她沒有一刻停歇的時候。

即便是鹹菜乾菜，在母親手裡也能發揮大用場，比如春天曬製的筍乾菜。如果家中臨時缺碗湯，又無現成材料，就可用筍乾菜加滾水沖泡一碗。筍乾菜遇熱水會重新恢復軟嫩，而筍乾與雪菜的鹹鮮味也很快擴散至湯中，有化腐朽為神奇之效。這碗筍乾菜湯是家中常喝的，吃飯可泡一碗，吃炒榨麵可來一碗，吃粢飯糰時也可配一碗，簡單又美味，是一種天然健康的方便湯品。夏天絲瓜正當季，母親會做一道講究的筍乾菜絲瓜蛋花湯，用滾水煮出筍乾菜的鮮味後，加入切成細條的青嫩絲瓜煮到軟熟，最後打上一個黃燦燦的蛋花就可出鍋了。筍乾菜的鹹鮮已夠，口味淡的毋須額外加鹽；筍乾菜既不搶絲瓜的鮮甜，又讓湯味更飽滿。

據說母親懷我時，只要有筍乾菜蒸肉這個菜，她一餐能吃三大碗飯，怪不得我出生時醫院可稱九斤的砝碼秤根本不夠稱。筍乾菜蒸肉是嵊州的家常菜，最簡單的做法便是用切塊的五花肉與筍乾菜上鍋同蒸，蒸到肥肉化開，瘦肉鬆軟入味為

當年在北京，我結合了梅菜扣肉和筍乾菜蒸肉的方法，做了這道筍乾菜扣肉。

宜。母親會將五花肉稍煎，再與筍乾菜同蒸，筍乾菜第一次蒸即便花上兩三個小時也難以達到烏黑油亮的效果；而此菜一般每次都會做一海碗，一餐飯是吃不完的，我們會每日添加新的五花肉同蒸，到三四天後筍乾菜已發黑發亮，變得極為柔軟，而之前那些五花肉留下的油脂完全滲透進筍乾菜中，這時候的筍乾菜是最美味最下飯的。外婆以前會用老灶的大鐵鍋攤麥鑊餅，然後包上蒸到烏黑油亮的筍乾菜和五花肉，我小時候特別愛吃這樣的麥鑊餅卷。母親自然也從外婆那裡學了麥鑊餅的製作，筍乾菜蒸得烏黑油亮時，她就會在家中如法炮製麥鑊餅卷供我解饞。

老台門鄰居中有一位永康嫁過來的老太太，她最擅長做永康菜乾餅，雖與嵊州的版本略有不同，但也十分美味。不過父親與她先生常有口角，因此只有在兩家關係和睦時，她才會送剛做好的菜乾餅給我吃。母親見狀，便說我們自己來做菜乾餅，不必受制於人。後來母親準備好了新鮮豬肉末，與蒸透的筍乾菜和少許蔥花混在一起做餡，並且親自和麵做餅。家中自然沒有商販那種大烤桶，母親便有樣學樣，按照永康老太太的方法用平底鍋烘烤，薄薄的菜乾餅很易熟，幾分鐘就烤好一張。我一口氣就著筍乾菜湯吃了七八張，可謂是原湯化原食了。母親首次做菜乾餅就大獲成功，這也成了她的保留菜式，如今她在深圳也常做這一味家鄉小吃給姐姐解饞。

母親的廚藝是觸類旁通的，一樣筍乾菜都有說不完的做法。比如我們常吃的小吃麥蝦湯就是用筍乾菜和洋芋艿（馬鈴薯）做湯底的，因此筍乾菜的質量直接影響到麥蝦湯的味道。麥蝦的做法是先用筍乾菜煮湯底，再放入滾刀塊大小的洋芋艿煮到鬆軟，最後用筷子將麵糊撥入滾湯中煮熟即可。由於麵糊定形後約為成人食指粗細，長度和形狀都似蝦，因此嵊州人稱之為麥蝦。麥蝦湯與東北的疙瘩湯有異曲同工之妙，不過我們沒有細麵疙瘩的版本，只有麥蝦一種。煮麥蝦湯講究技術，一來劃麵糊要粗細長短均勻，不然煮熟後就只有一坨坨不成形的麵疙瘩，找不見「蝦」了；二來麵糊要煮到恰好熟透又不爛坨，經驗不足的話，常會煮出夾生的麥蝦。我母親是煮麥蝦的專家，身經百戰從未失手；這一碗簡單的麥蝦湯有筍乾菜的鹹鮮，也有洋芋艿的香糯，更有麥蝦自身的鮮甜，當年覺得尋常，如今卻會時常想念。

1 | 菜乾餅的做法

2 | 菜乾餅的做法

3 | 菜乾餅的做法

4 | 菜乾餅

麥蝦湯

再說說母親擅長的醃製技法，這些都是從外婆那裡學來的，但在日積月累的實踐中，母親早已有了自己的心得。舊時在山村裡多餘的蔬菜和肉總要想辦法保存起來，以做跨季節調劑和應急之用，這是醃製食品的初衷所在。醃製發酵可令蛋白質分解，產生鮮味物質谷氨酸和多肽，因此醃製的食品往往更香更鮮，能為食材增添別一樣的風味，這也是醃製技法在食材豐富的當代仍傳承不斷的原因所在。

雪菜、臭蘿蔔和黴莧菜梗醃製兩周左右即可食用，屬短醃製期的品類；雪菜的用途十分廣泛，做筍乾菜需要，做家常小炒也是提鮮利器，還可作為輔料煮魚煮麵炒魷魚，其用途根本一時說不盡。還有一種叫倒鮓菜或倒篤菜的長時間醃製菜。製作倒鮓菜一般用嵊州人所說的九心菜，即九心芥；九心芥需要經過清洗、晾曬、改刀、加鹽揉搓等幾步處理，裝罎後以稻草結辮盤起塞住罎口；之後需要倒置保存以令其瀝盡廢液，待深度發酵後即可食用。母親說以前在外婆家，倒篤菜多是與其他食材一起煮湯喝的，發酵帶來的酸味十分開胃，不過她嫁來城裡後就不太製作了。

關於母親的廚藝我說了那麼多，但母親的口味是什麼樣的呢？似乎我們一家人從來只顧著向她表達自己愛吃什麼，卻沒有人真正關心過母親的口味。細細想來，她在按照我們的口味烹製菜餚時，其實一直在默默堅持自己的口味。菜餚中，她自己口味的表達從來不是激烈的，母親亦不要求我們順著她的口味吃。不過在為我們烹飪美味佳餚時，她永遠有一小塊自留地。

父親不僅做糖果副食生意，自己也身體力行地嗜甜如命，每日保溫杯中泡的茶裡都要加入一大勺白糖，我偷喝一口都覺甜得要命；與此相反，母親是不愛吃糖的，父親常言做菜加點糖可以提鮮，母親並非不知這道理，但甚少額外加糖。母親不僅不愛用糖，其他調味品也用得較保守，甚至味精和雞精等增鮮調料，我家也早早棄用。母親做菜，多以食材本味為調味的基礎。

父親不愛吃辣，母親卻常愛做些嵊州人不太吃的辣菜，比如前文提到的胖頭魚魚頭豆腐湯中那一絲惹味的辣。再比如，夏天青辣椒新鮮上市，母親會用少許肥瘦相間的肉片和辣椒同

鹽煎青辣椒

炒，只用黃酒增香和用鹽調味。她將辣椒表皮炒得皺皺的，視覺上已十分誘人。這一碗鹽烤青辣椒是我小時候又愛又恨的菜，愛在新辣椒極香又鮮甜，恨在鮮甜味背後往往湧上一陣火辣辣的感覺——糟糕，挑到辣的了！——我只能奮力扒拉幾大口米飯進嘴以中和辣味。有時候我被辣到面紅耳赤直流口水，母親在旁看得笑了，說我們小胖今天可要多吃幾碗飯了。

我父親向來對醃製食品興趣不大，尤其是鹹菜和黴莧菜梗，他幾乎都不吃。但母親不僅擅長醃製各類鹹菜，也喜歡吃醃製食品。雖然我小學時，母親看報紙說醃製食品中的亞硝酸鹽在醃製的頭七天內含量最高，對身體非常有害，於是她再也不敢吃剛醃下去的鹹菜了。不過，即便如今我們已很少吃鹹菜，但母親還是會忍不住時不時做點醃菜，這是幾十年來難改的口味。

我們全家除了母親，都愛吃牛肉，她卻是聞到牛肉就反胃。但父親頗嗜牛肉，她也只能硬著頭皮為他烹製了。據母親說，由於她屬牛，算命先生從小告誡她不宜吃牛肉；加之以前在農村，牛是耕田犁地的工具，怎能隨便殺之取肉？除非不中用了的老牛才會被宰殺食用，因此外婆外公也甚少吃牛肉。久而久之，我母親不單不吃牛肉，也不喝牛奶，奶製品對她而言無異於生化武器，單聞味道已要惡心了。不吃牛肉，自然不知道牛肉的口感和味道，烹製的火候也就難以把握，因此每次做牛肉，母親都要我做「試味員」，替她判斷這牛肉的軟硬鹹淡是否合適。現在想來，她每次強忍著牛肉氣味為全家做牛肉菜式，這是何等的付出！

這些細節可勾勒出母親口味的一幅白描圖，她不愛甜卻愛辣，不愛過多使用調味品和香料，卻喜歡風味濃郁的發酵食品；雖不吃牛肉但對其他肉類來者不拒；而她對時令又向來敏感且堅持不時不食。我想，某種程度上母親的口味是她那一代嵊州主婦們的口味縮影。母親與新中國同齡，她們是新舊交替的一代人，在遵循傳統的同時又在風雲際會的九十年代尋求突破束縛的出路和溫和表達自己的偏好。

由於我的口味受了全家人的影響，因此是家裡口味最廣譜的一位。如汪曾祺所言，「一個人的口味要寬一點、雜一點」[2]，我在不知不覺中養成了寬且雜的口味，這其中的源頭或許是因為我父母是口味差異頗大的兩個人，但這兩個人卻在同一張餐桌上和諧共處了幾十年。一家人的口味並不一定是一致的，坐在一張桌子前吃飯，除了親情的聯結外，還有為所愛之人在口味上做出的妥協調和。

母親的廚藝給了我一個美味的童年，亦培養了我對飲食的熱愛，而母親的口味如家裡其他人的口味一般，在潛移默化中影響了我的飲食偏好。這是一個非常漫長而不自知的過程，只有在走出家庭，離開家鄉，到大千世界一闖，與其他人的口味發生碰撞後，我才明白童年美味對我影響之深。

我不嗜甜，唯有在大餐後喜歡吃點甜品調劑，平日裡根本不會主動尋覓甜食；我能吃辣，在不嗜辣的嵊州，也算是耐辣能手了；我愛吃發酵食品也愛筍乾菜的風味，對四季時令又向來執著；但我又愛牛肉的異香豐腴，也愛奶製品的醇厚……如此種種而言，我的口味底色裡，母親的廚藝和口味的影響無疑最大。然而，父親的喜好也如影隨形，他們兩人的飲食印記早已在我身上交織成一張無形的網，成為我一輩子也無法擺脫的味覺慣性。

註

1 本篇寫於 2025 年 3 月 7-16 日，於東京及香港。

2 語出汪曾祺《四方食事》。汪曾祺（1920-1997），江蘇高郵人，小說家、散文家和劇作家，其飲食散文影響很大。

咸陽宿草幾回秋

父親買菜除了按時令外，也看我們這幫食客的反饋。
只要是大家讚賞的食材，他就會一直買。
有時候我會不耐煩地告訴他，這道菜我吃厭了，他才終於不再買了。
現在想來，這其實是不善溝通的父親對我們的愛意。

早先的時候，剡溪沒有現在這麼寬，到了炎夏無雨時節，水汽蒸騰，整條剡溪都淺了下去。江濱西路附近那一段尤為淺，我們幾個小學四五年級的孩子便可手拉手徒步趟過河去。剡溪的北岸是舊時嵊縣城，城牆沿著剡溪蜿蜒展開，而城牆外每日清晨，攤販們會自發形成一個露天小菜場。九十年代初的時候，每日天未亮，擺攤者便挑著擔子來到江濱路上，開始準備早市，一整條的江濱西路都是密密麻麻的臨時攤位。未及正午，這菜場便散了，好像早上那熱鬧的場景都是幻影似的，唯有些果皮菜葉作為這菜場存在過的佐證留了下來。

後來，市政府在江濱建了一個巨大的菜市場——即便現在看來，那也是我見過最大的城區菜市場之一了。先前自發擺攤的商販都被規範進了這菜場裡面——攤位是固定的，需要

上｜城墻一角

下｜在剡溪裡浣衣的老婦

花錢使用，也有一小部分是露天的，主要售賣活禽和小型動物。

俗話說男主外女主內，我們家則有些特殊。買菜是父親負責的，每日新鮮的食材買回家後，母親便根據父親所買之物烹製菜餚。我從小就喜歡跟著父親去逛小菜場，從當年那條自發形成的街市到後來實體的菜場，我跟著父親逛了得有五六年。

父親一般是在早上買菜，但不似鄰居的一些師母阿姨們喜歡趕早市，他一般八九點鐘才出發。那時候家裡的店鋪已開張，準備工作完成後，他便可以悠閒地去買菜了。無論他邀請我與否，只要在家我就一定會跟著去。一路上，我們沿著市心街走去，小城路近，慢慢走也就十多分鐘腳程。沿街的商戶多是我父親的熟人，他偶爾會與他們閒聊上幾句，而多數時候，他只是簡單打個招呼便直奔小菜場了。

記憶裡，這一路上我與父親無甚交談，基本是各走各的路。我想跟著去小菜場，倒不是有多黏我父親，主要是因為菜場裡有很大一塊活鮮區域。因為我從小就喜歡動物，貓、狗、兔子、雞、鴨、鵪鶉、魚、蝦、蛙、蟹，甚至蜥蜴等等，我全部養過，這其中很多便是從食材中解救出來的。

我常常慫恿父親買些活蝦活魚，然後挑出一兩隻養在我的泡沫箱魚缸裡。夏日時，小龍蝦上市，就算不去菜場買，家鄉田間地頭也可用小田雞釣到不少小龍蝦。我們小時候甚至還去嵊州中學（北直街舊址，也是我的高中母校）操場的小水溝裡釣過小龍蝦，可見這一入侵物種繁殖速度之快、生命力之強。

小時候我若見到這樣的小金魚，一定會央求父親買幾條的。

出產多，人們吃得也多，不僅夜宵店裡必備小龍蝦，就算家裡也是常吃的。母親雖然覺得處理小龍蝦十分麻煩，但她也愛吃，紅燒是最常見的做法；合適的時節裡，小龍蝦膏黃飽滿，肉質彈嫩。父親便會就著黃酒，慢慢吃著。而我最喜歡的是「救下」幾隻小龍蝦，拿來養著玩，即使被蝦鉗夾得生疼，也還是忍不住要去逗牠們。其他各類小魚我也常慫恿父親買，即便是我小時候並不十分愛吃的鯽魚和泥鰍，因可增加魚缸的生物多樣性，我也很樂意父親買些回家。少時覺得小鯽魚刺多，泥鰍土味重，長大後反而覺出這兩種魚的好，人的口味也是時過境遷，而非一成不變。

有一天我發現小菜場的外圍開了家熱帶魚店，以前家鄉只有些賣錦鯉和金魚的店舖，在上世紀九十年代初期，熱帶魚可是新鮮玩意兒。那天隨父親去逛小菜場，湊巧路過這家店，我死命都不肯走了。爭拗不過，父親就給我買了些小熱帶魚，這是我養熱帶魚之始。到後來，我的泡沫箱魚缸裡開始有了五顏六色的魚類，多是去菜市場時路過熱帶魚店，死乞白賴要求父親買的。有一段時間，我對熱帶魚癡迷到發狂，天天嚷著要父親給我買一個玻璃魚缸，父親雖然不置可否，卻暗地裡託人訂造了一個。魚缸送到家裡那天，我高興得不得了，父親可能沒想到自己打開了潘多拉魔盒——每次去菜市場，我都變本加厲地要求去逛那家熱帶魚店，就算他有意避開，也經不起我的百般磨蹭⋯⋯

小菜場的活禽區域有收費的屠宰處，買菜的人挑好了活鴨活雞便可送去有償屠宰，因此空氣裡總瀰漫著一股滾水泡雞鴨毛的酸臭味。但我依然願意去看看，因為那裡有時會有雞鴨之外的小動物售賣，例如活山雞和活鵪鶉在上世紀九十年代都是常見的。彼時小菜場還有些賣肉兔的攤位，看著一隻隻驚恐地尖叫的兔子，我愛莫能助。

不過我確實解救過幾隻鵪鶉，買回家後，父親把牠們養得肥嘟嘟的——雖則是我要養，但最後這養殖工作都是父親在負責。我們的老宅子有堂前、道地，院門外還有一塊空地，正好放養這些鵪鶉。本以為鵪鶉不會飛，沒想到養得野了，有一隻竟然飛走不見。幾日之後的某個雨天，那小傢伙又飛了回來，想必是肚子餓了。這也是因跟著父親去小菜場而惹出的小插曲。

為了要逛活鮮區域，我得連帶把菜蔬區域也給逛了。我小時候，大棚蔬菜很少見，大家也不喜歡吃不合時令的菜蔬，甚至外地運送過來的蔬菜都不及本地的受歡迎。剡城不僅一年四季氣候分明，連菜市場賣的菜蔬也是季節分明的。

春天可以吃馬蘭頭、薺菜，還有山中的春筍、嬌嫩的豆芽。到了初夏，絲瓜蒲瓜上市，爽滑鮮嫩，兩者各有千秋；夏天的莧菜瘋長，母親會買莧菜莖回來醃製黴莧菜梗，這道臭氣撲鼻的菜蒸熟之後配上麻油，反而成為下飯利器；盛夏的時候有大冬瓜，雖然它那白色絨毛常讓我全身發癢，但與火腿同炒之後實在美味；冬瓜也可與鹹肉一起煮湯，是我記憶中夏日傍晚的味道；夏季的長茄清水煮後手撕成條，涼拌著吃最是鮮美。炎夏永晝的日子裡，父親還會買回綠豆銀耳，母親便在下午慢慢燉煮，晚飯後坐在院子裡吃上一碗涼涼的綠豆銀耳羹真是愜意。

初秋時節，蓮藕、菱角上市，母親會炸藕盒或者做桂花糯米藕，一鹹一甜，各有妙處；菱角則通常水煮之後做零食吃。秋天還有甜滋滋粉綿綿的大栗吃，母親最愛在午後用水煠栗子吃，她一煮就是一大鍋，全家人可以吃上好半天。冬季則有高山蘿蔔和冬筍。蘿蔔拌炒大蒜葉令人食指大動，大塊冬筍燉筒骨，亦鮮美異常。這些四季菜蔬猶如自然界的鐘晷，一次次的季節輪轉中，時光已不知不覺流逝。

父親買菜除了按時令外，也看我們這幫食客的反饋。只要是大家讚賞的食材，他就會一直買。有時候我會不耐煩地告訴他，這道菜我吃厭了，他才終於不再買了。現在想來，這其實是不善溝通的父親對我們的愛意，而當時的我只覺得老爸怎麼這麼沒新意。

我小學時，姐姐還未離家遠行，釀酒姨娘們和一眾表親也時常來我家吃飯，因此每天開飯都是熱熱鬧鬧的。人多了菜的式樣自然也多了，即便到後來只有我們三個人了，父親還是每天都會買很多菜，生怕沒有我喜歡吃的菜式。

父親還是一個喜歡嘗試新奇食材的人。有段時間冰鮮區出現了一種叫做鴉片魚頭的海鮮，一個個魚頭排放在那裡賣，並不見魚身。父親就買了一個回來，母親不知該如何處置，就用單鮑——即用鹽稍加醃製後蒸熟——帶魚的方法處理了。沒想到這魚頭皮厚肉嫩，還有膠質，味道竟然不錯。回想起來，這應該是牙鮃魚的頭，「鴉片」乃音訛。遠在嵊州人流行吃蝦蛄前，我們家便開始吃這種怪物了。一開始我覺得牠甚是嚇人，不知道父親為什麼會想買這種怪蟲子回家。一吃才發覺，味道鮮美，與海蝦相比，別有一番風味。

正因為父親樂於發掘和嘗試新食材，我才能在餐飲業並不發達的九十年代小縣城裡嘗到各種各樣的美味。無形中，家庭飲食觀對我的影響便這樣傳承了下來，對於美食的喜愛和挑剔無疑是從小養成的。

小學五六年級時，我便很少和父親去小菜場了，即使他叫

江濱小菜場

我一起去，我也覺得沒什麼意思。家裡養了一隻貓，似乎也不再適合養其他小動物了。那玻璃魚缸有一次不小心被石塊碰裂，於是我便徹底放棄了熱帶魚養殖「事業」。

初中後，青春期到來，我與父親的隔閡也越來越深。父親五十歲時方生我，我們之間的代溝不是一般父子可比的。他不善於溝通，嘴上又常得理不饒人，平日對外張羅人際關係都是母親負責。漸漸地，我們之間的交流越來越少，甚而常常說不了幾句話便爭吵起來。中學有段時間，母親去深圳姐姐處居住，我每日放學回家，除了吃飯洗澡，都只待在自己房間裡看書聽歌，甚少與父親交流；到了寒暑假便飛去深圳，與父親獨處的時間越發少了。小時候我常圍著父親轉，青春期後反而和母親的感情更好，與父親越發疏遠了。

十八歲高考結束後，母親陪我去北京報名，而父親只是把我送到家門口。從此之後，天南地北，平時連電話都極少打，每次母親打電話來，父親也不會入線閒聊。父親那一代人似乎對於言語上的表達都十分吝嗇，他把自己的喜怒哀樂都藏在心底，任誰都無法窺見全貌。大學時每年寒暑假回家，與父親的交流雖也不多，但再無少年時那火藥味，有時候我還會和父親聊聊他年輕時候的事情，關於我從未見過的爺爺，關於我早逝的奶奶，關於民國時期的嵊縣等等。讀研之後，假期要實習，回家的時間就更少了。彼時姐姐姐夫都在北京，母親也時常過來小住，而父親卻總不肯遠行。

2012 年冬天，我正忙著寫畢業論文和找工作，父親卻因為腦溢血住院了。那段時間密集的筆試面試令我應接不暇，我想著等工作有眉目了再回家看望父親。十二月三日的晚上，我坐在公交車上，本想忙裡偷閒與朋友去看個電影，卻突然接到了姐姐的電話，手機那頭，她哭著說父親剛才突然病情惡化去世了。

我急忙下車，冬日的北京夜晚，乾冷異常，還吹著刺骨的寒風。我走在西北邊一條不知名的馬路上，踏著街邊厚厚的落葉，想攔住一輛回家的出租車，卻半日不見一輛空車。我腦海裡一片空白，漫無目的地走了很久，終於找到車回到了住處。我訂了第二天最早的班機回家，錯過了見父親最後一面，只能趕去送他最後一程了。

看到剡溪落日之景，難免想起許多與父親的往事。

奇怪的是，我一直都沒有哭，我與父親總像隔著一扇門。到家鄉的那天，天色昏暗，烏雲密佈，卻未能落下雨來，天公也像憋著一口氣無法暢快吐出。十二月的嵊州濕冷難耐，穿著大衣都感覺到陰冷。到了靈堂，看見眼睛紅腫的母親與姐姐，還有一些久未聯繫的堂親，人群雖熙熙攘攘，氛圍卻淒淒慘慘，然而我依舊沒有哭。穿上孝衣為父親守靈，行走完一套套的儀式，我還是沒有哭。

第三日是遺體火化的日子。殯儀館的工作人員將我父親的棺蓋打開的那一刻，我突然意識到，此一別，便是永不相見了。淚水一下子湧了上來，多年未流淚的我完全失控，所有的記憶片段全部湧上心頭，每一頁每一幀都如尖刀般刺得我心口發痛。一瞬間，那扇關了好久的門猛然打開，刺眼光芒中，父親遠去的模糊面容漸行漸遠，此生不復相見。

我們一家人站在火化室外等候，我腦海中如電影放映般閃現出小時候與父親一起去小菜場的場景。那條我們曾一起走過無數次的市心街，如今也大半不復存在，那些熟悉的店面攤頭早已拆毀，現實與記憶一樣漸次模糊。剩下的只有這些瑣碎的片段，偶爾泛上心頭讓人淚眼迷濛。

註

1 本篇初稿寫於 2015 年 6 月 21 日，2024 年 3 月修改，2024 年 3 月 11 日及 3 月 13 日分兩期發表於《大公報》副刊。

雜絮補遺

1

那些清晨灶間裡飄蕩的香氣，
那些深夜床頭輕搖的蒲扇，
那些離別時塞進行囊的筍乾菜，
那些重逢時欲言又止的淚光——
這些細碎的溫暖，在時光的窖藏中越發醇厚。
它們不是簡單的回味，而是融進骨血的生命印記。

說了許多以前的事兒和嵊州的吃食，但依然有很多想寫的未能付諸筆端，因為這些思緒是瑣碎而難成篇章的。於是打算單開一篇，想到哪裡寫到哪裡，雖為回味，但未必是食物之味，我想，世間萬千況味都算切題且值得記錄。

本篇且作全書補遺列於末尾。但剡城幾千年的歷史有多少可著墨處？以我一人之力絕難書寫完，只能選取與我自己有關的回憶若干，細說慢講。

一、青山行不盡[2]

我小時候，家住在市心街尾，離城隍山山腰平地上的縣人民大會堂咫尺之遙，因此放學放假時，我常和玩伴去大會堂附

鹿山

近遊玩。

「城隍山」是嵊州人對鹿胎山的俗稱，平日裡很少有人說「鹿胎山」，一般只用「鹿山」這一名稱。世人解說鹿胎山之名的來源，常引《剡錄》的一段文字：「獵士陳惠度，射鹿剡山。鹿孕而傷，舐子死。其處生草，曰鹿胎草。」明代淩濛初在他編著的《二刻拍案驚奇》第十三卷《鹿胎庵客人做寺主　剡溪裡舊鬼借新屍》中提到，「這個山原叫得剡山，為此就改做鹿胎山」。這是代代相傳的故事，後來陳惠度懺悔殺生，遁入空門，於唐咸通八年（867）重興了因會昌毀佛[3]而荒廢的般若台寺[4]，改名法華台寺。法華台寺於宋大中祥符元年（1008）改名惠安寺，該寺香火綿延千年不斷，但到我出生

重開的惠安寺

時已是寺門冷落，僧尼盡散，寶相蒙塵。父母曾和我說，惠安寺中原有千年大塔，非常壯美，可惜 1974 年被拆毀。我查閱資料得知，嵊州老一輩人所說的「大塔」即應天塔，始建於南齊永明二年（484），梁天監二年（503）建成，明景泰年間（1450-1457）、天啟二年（1622）均有修繕。如此珍貴的古蹟，可惜毀於政治劫難中；如今重開法壇的惠安寺裡，只有一座靠後世推測而重建的應天塔贗品立於其中。

從山腳走到大會堂需行百餘級的台階。這些台階以平整石塊鋪就，東西寬十數米，遠遠望去石色蒼蒼，走在上面如欲扶搖直上。行至一半，可看到石階東西兩側各有一處石欄木柵緊閉的所在，從欄縫中可以望見石碑雜立，石像傾頹，似乎以前

如今大會堂已成了越劇藝術中心

是官府祠堂之所。自我出生起，大會堂就在城隍山上了，但翻看明代萬曆年間嵊縣地圖可知，拾階而上後應先見到鼓樓，而大會堂的位置當年應是縣衙。大會堂裡面自然是不能隨意進入的，但其後有一偌大花園，則可隨意遊覽，無人看守。

小學時我曾癡迷於捕蟲撲蝶，在那大會堂的花園內，我曾捉得不少新奇蟲子，也曾被兇狠有力的星天牛咬破手指。大會堂的花園內植被茂盛，品種繁多，每次老師佈置採摘植物葉子製作標本的作業，我就會去這秘密花園內採摘。每次我採到的葉子種類都比只能在小區附近尋覓的同學來得獨特。記得有一年，我還在此花園內發現一株枇杷樹幼苗，我和鄰居哥哥小心翼翼地將它連根帶土地挖出，帶回家後，將它種在了一個穿底

鶴年堂

的廢鉛桶內。我日日澆灌，天天幻想著枇杷樹長大結果時就可以有果子吃了，可惜人挪活樹挪死，這小樹苗非但沒有長大，反而一天天地枯黃萎縮下去，半個月後徹底枯死，害我傷心了好一陣子。

說到人挪活樹挪死，我又想起以前剡山小學東面、鶴年堂藥店[5]附近的一片空地，那裡什麼都沒有，只有兩株參天的廣玉蘭樹。據說這兩棵廣玉蘭原屬建於該處的宅院，但老宅已拆，故人不知去向，我有印象起它倆就這麼孤零零地立在此處。此地周圍已建起現代商住房，若草木也有情，不知歷經百餘年風雨後的兩株廣玉蘭對周遭的變化是何感受？

即便是在植物保護意識尚較薄弱的九十年代，這兩株數也已掛上了古樹認定的鐵牌子，可見其珍貴性。在我還只有十歲的時候，它們已年過百歲。那時候，我癡迷塑膠車船模型製作，因此常去剡山小學附近的模型店閒逛，每次逛完模型店，我就會去那兩棵樹下走走。若是夏日午後經過，一走到樹下就覺得神清氣爽，巨大的古樹不僅為人遮陽避雨，還開出了滿滿一樹的大白花，香氣飄到好幾米外都可聞到。這兩株古樹樹幹粗壯，兩人圍抱都覺困難，厚實斑駁的樹皮上依附著碧綠的青苔。到了夏日，蟬鳴花香，巨蔭蔽日，一踏進兩樹之間就覺自己暫時遠離塵囂，可得內心的片刻寧靜了。綻放盡的白花謝落到地上，遠看像是一片青苔上鋪排了一朵朵白色荷花，近看才知是掉落的廣玉蘭，雖已離枝，卻依然飽滿芬芳。這兩棵古樹的周圍是我小時候最愛獨自前往的秘密休憩處。

後來那片地被開發商買走，市政府決定將兩株古樹移栽到文化廣場西北角，在我高考前一年，政府完成了對兩棵樹的移栽。移栽結束後，我曾去看望過它們，當時園藝工人為了方便移栽，將它們的枝葉大幅修剪，以至於剛移栽完的時候，這兩株樹看上去光禿禿的，彷彿病入膏肓，面黃肌瘦不說，元氣都大大受損。直到我赴京讀書，那兩棵樹都未能恢復往日遮天蔽日的氣魄，只是苟延殘喘地在新住所偶爾抽芽開花而已。2012年，由於遭受颱風「海葵」的襲擊，那兩棵本已年老疲弱的廣玉蘭都被連根拔起，危在旦夕。我向還住在家鄉的朋友詢問廣玉蘭樹還安好否，朋友說，大約是都死了。挺過了一百多年的風霜雪雨和戰亂更迭的參天古樹，就這樣在和平年代被人給折騰死了。

當年的越劇博物館

大會堂往西，繼續往山上走一點就可看到越劇博物館的招牌了，其旁邊還有個越劇之家，即是嵊州的戲校。如今越劇博物館已搬到越劇小鎮裡，越劇之家不知尚存否？越劇之家西邊就是嵊州的城隍廟，在很長一段時間內，城隍廟被縣公安局徵用，鐵門常年閉鎖，上面用鐵釘拼寫出大大的「公安」二字。我小時候常經孝子坊路上城隍山，一路行來只是陡坡，無甚台階，可省些腳力。在即將抵達城隍廟的拐角陡坡處，正對著「溪山第一」樓的地方有一個小花園，常年鐵柵欄緊閉，不得而入；花園裡有一面巨大華美的照壁，上面嵌刻著「屏藩永固」四字。

再往上走幾步路，就到了城隍廟。一直到政府在城隍廟隔壁重修了惠安寺，並將公安局搬離，又對城隍廟進行了一番整修，並對外開放後，我才第一次走進這鄉土教材裡反覆提及的城隍廟。以前的時候，民眾都只能繞著「溪山第一」樓看看外牆上精美的浮雕和斑駁掉漆的牌匾。「溪山第一」四字是當年朱熹遊鹿山時留下的讚語，朱熹當年還去過呂規叔創建的鹿門書院講學，在貴門更樓留下了墨寶，如此推測，他應該細緻遊覽過嵊州。

城隍廟前有兩株不知何年何月栽種的香樟樹，高大茂盛，任誰人路過，都不免要抬起頭來欣賞一番它的枝繁葉茂。嵊州各地都有栽種香樟的傳統，香樟古樹到處可見，而城隍廟前的這兩株因其特殊的地理位置和分外茁壯的身軀尤為人稱道。迷信的父母們為了讓體弱的孩子能健康成長，就會將他們過繼給「樟娘」，願古老有靈性的香樟樹保佑自己的子女。我小姨娘的兒子小時候身子弱，他們便為他認了一株香樟樹做樟娘，如今這位表弟已成家立業。雖然拜樟娘是迷信，但在困難的時候心中有一絲信仰，也比毫無抓手可支撐為好。

小學時，我最期盼每年的春遊秋遊，一是可以名正言順地不上學出去玩，二是可以趁機要求父母買很多零食。九十年代的零食種類雖不及現在豐富，倒也有不少選擇，孩子喜歡的多是旺旺、上好佳之類的膨化食品以及各類糖果。廠商們常做些不同味道和形狀的膨化食品，孩童們就以為它們各不相同，非要父母都去買來品嘗一番。我家是做副食品生意的，因此每年

城隍廟

我帶的零食又多又新又好，而且根本吃不完，比如 1997 年品客薯片[6]剛進入中國市場時，我已帶著那印有大鬍子圓臉圖案的薯片筒去秋遊了。當然，父母為了不讓我與同學們脫鈎，春遊前一晚還是會允許我拿著錢與朋友們自行去超市選購零食，其實這些吃食父親直接從批發部就可進貨，根本不需要去超市多花一道成本。

春遊秋遊的吃食可自由選購，但出遊地點就只能聽老師的決定了。有很多年，學校都敷衍地安排我們去鹿山公園遊玩。鹿山公園在日軍侵略前已存，歷史悠久，且位於市區，民眾平日裡就可輕鬆去到；每年清明節還要去給鹿山公園裡的烈士陵園獻花，春遊秋遊如果還去的話，等於故地重遊。不過孩童對出遊地點的要求不高，只要可以玩鬧吃零食就行。

去鹿山公園有兩條路可走，一是經過城隍廟後，往西南走到接近原職技校的位置，從烈士陵園入口處登台階而上，這一路線較為輕鬆；二是路過惠安寺，朝西北方向過馬路即可看見上百級粗糲寬大的碎青石砌成的台階，一步步往上走即可抵達位於山腰上的公園入口。我小時候最愛走這青石台階，沿途樹木花草茂盛，不同季節去都可欣賞到別一樣的色彩。後來市政府把原本的青石台階統一換成了光滑平整的石板，看著美觀易行，實則一到雨天就濕滑不可行，極易摔跤。

小時候無處可玩時，我們一群孩子就會去鹿山公園打發時光；大人也常帶我去鹿山公園遊玩，我家相冊裡還有不少我當年在鹿山公園拍下的照片。關於鹿山公園的飲食記憶不多，但有兩件事我一直記到如今。我小時候脾胃弱，常容易拉肚子，尤其吃不得生冷的東西。有一次，姐姐和一群朋友帶著四五歲的我去鹿山公園玩。正值深秋轉涼時節，我卻嚷嚷著要吃雪糕，結果一口雪糕落肚，我就開始腸胃不舒服，嚷嚷著要上廁所。他們一個個高中生哪有照顧幼兒的經驗，最後手忙腳亂地把拉肚子的我送回家了事。

還有一次，我小學時，即將遠赴深圳工作的姐姐有天說要和我一起去鹿山公園散步。清晨上山前，她先帶我去早餐店吃了一籠美味的緊粉[7]小籠肉饅頭。只記得那饅頭皮薄汁多餡足，日後吃再多美味的灌湯包都沒有當日那一籠來得驚艷。姐姐告訴我這灌湯的死麵饅頭比麵皮厚餡料少的發麵饅頭好吃，她又跟我說，很多地方都有小籠包，各有各的特色。那時候，從未出過遠門的我聽得十分入迷，這是姐姐給我的無數飲食啟蒙之一。

鹿山公園到了晚上就人煙稀少，有些情侶為避人耳目，尋個清淨隱蔽處談情說愛便會夜上鹿胎山。我小時候是絕不敢晚上去鹿山公園的，都市傳說中有不少發生在鹿山公園的鬼故事，整個公園佔據半片山頭，面積巨大，且植被茂密，內有烈士陵園和「東南第一英傑」[8] 王金發的墓[9]，晚上去十分陰森。不過中秋月圓夜，我也曾壯起膽子跟大人去鹿山公園賞過月，中秋夜此處人流如鯽，十分熱鬧，就無甚可怕的了。

經過鹿山公園再往上走就到了郊區，沿路一定要小心村民放養的狗，母親的經驗是隨身帶根木棍，以備不時之需。我小時候常和母親去鹿胎山上散步，母親會一路跟我講解野菜和農作物的常識，若見到有新鮮堪摘的野菜或野山筍，母親便會徒手採摘，當晚我們就能加菜了。我們摘得尤其多的是艾草、馬蘭頭和胡蔥，胡蔥炒肉片和黃豆醬尤為鮮香可口，蔥味更比普通小蔥來得濃郁。

我們散步沒有固定終點，興之所至，累了就折返。後來市政府重建了毀於文革時期的星子峰亭，於是我們常以行至亭中作為散步行程的結尾。重建的星子峰亭為鋼筋混凝土結構，遠觀略有古風，近看則稍顯粗鄙；更不幸的是，亭子修好沒多久，已有很多素質低下的行人遊客在上面刻字，搞得柱子圍欄都已斑駁破損。我們很少在亭中久留，最多坐下喝口水啃一把甘甜多汁的糖梗[10] 就下山離開了。

星子峰亭

站在鹿胎山上眺望，不僅可俯瞰全城風光，更可看到蜿蜒細長的剡溪川流而過。不過無論怎麼遙望，都看不到剡溪的來源與去向，只覺得它是一條無來處又不知去向何方的銀絲帶，飄飄然落在剡城大地上。剡溪上還有一道道橫跨兩岸的橋樑，以前我從未意識到嵊州有那麼多橋，直到站在鹿胎山頂望去，才知道波光盈盈的河面上橋樑密佈。夕陽西下時的剡溪最美，無論是光影還是色彩都顯出一種無邊的靜謐，讓人除了與拂面而過的微風一起稍作呼吸外，再不敢大聲言語，生怕打攪此時此地的美景。

剡溪穿過嵊州市區，由南向北朝上虞的曹娥江流去，嵊州雖不是紹興蘇州那樣河道密佈的水鄉，但也是水路縱橫的。比

站在鹿山上，俯瞰橋樑密佈的剡溪。

如小時候我一直不理解，為何明明沒有河道，但嵊州有一條路叫「官河路」。後來查閱了不少資料才發現，原來明隆慶六年（1572），政府在城關北門外開鑿了一條人工河道，稱官河。這官河路就是當年官河的舊道被填埋後所成，不過如此久遠的陳年往事連我母親都記不清，更何況我了。

外婆家清澈的小溪

二、此行不為鱸魚膾[11]

小時候，我雖不願在外婆家過夜，卻格外喜歡去嶺根玩耍。尤其是村前的小溪，成了我最愛探索的樂園。只要是水溫適宜的日子，我在外婆家一吃完午飯，便捲起褲腿、趿上拖鞋，和鄉下的表妹一道去溪中忙碌。那時的溪水清澈見底，魚蝦蟹俯拾皆是。隨手翻開一塊稍大的石頭，就能看見舉著雙鉗、嚴陣以待的小蟛蜞。牠們身披與砂石相仿的褐甲，稍不留神便遁入石縫，快得叫人措手不及。水中的小魚更是機敏，若沒有十足技巧，休想碰到牠們的一片鱗。好在夏日裡我常去剡溪摸魚捉蝦，倒也練就了些本事，每次總不至於空手而歸。這

野生的葛公葛婆

些戰利品自然不是拿來吃的，我會將牠們養在灌滿溪水的塑料瓶裡，小心翼翼地帶回城，再倒進我的水族箱中。

晚春時節去外婆家，總能在田間地頭見到一種紅色的小漿果，形如現在超市裡賣的盒裝樹莓但更小，聚合果的果粒也更細密些。我小時候最愛摘這野莓子吃，其味極香甜，遠比人工栽培的大樹莓來得有滋味。大人們和我說，此物叫「葛公葛婆」，在墳堆附近最為常見。後來我才知道，我們說的葛公葛婆原來是蓬虆，而樹莓就是魯迅先生筆下的「覆盆子」，與蓬虆是同屬的親戚。我常想，為什麼沒人篩選培植一下野生的葛公葛婆，如此美味的漿果想必是會有市場的。

我曾問家中大人為何這種野莓叫做葛公葛婆，他們面面相覷，誰也說不出個所以然來。有說法稱蓬虆因四聲杜鵑鳥的叫聲而得名「葛公葛婆」，這是對此鳥鳴叫聲的發音構擬。清代屈復的《弱水集》中有《葛公葛婆　割麥插禾》一詩，而「割麥插禾」是公認的四聲杜鵑鳴叫擬聲語之一；加之每年暮春三月是四聲杜鵑鳴叫最積極的時節，也是蓬虆成熟的季節，於是兩者就被先民互相關聯了起來。這一解釋的可信性較高，另外一種解釋則多有牽強附會之嫌，說因為三國時期的孫吳道士葛玄採此野果救助得病村民，民眾為紀念他而將蓬虆取名為「葛公」。兒時的我只顧著摘葛公葛婆吃，哪有心思管它名字的來源呢？

還有一種形似葛公葛婆，但植株匍匐在地的漿果，名曰「蛇莓」。我們小孩子出去摘葛公葛婆時，大人們會反覆叮囑不要錯摘了蛇莓回來。蛇莓長得低矮，聚合果的形態似草莓但要小很多，與葛公葛婆肉實突出的果粒截然不同，因此較易區分。由於大人一直這麼教育我，所以我從不敢觸碰蛇莓，深怕中了毒。後來才知道，蛇莓也是可以少量食用的，吃過量才會中毒。

暮春三月，除了葛公葛婆，還有碧綠醒目的大青梅。我母親和姐姐都愛吃大青梅，初見青梅的我以為此物多美味，一口咬下去差點酸掉半口牙齒。這青梅看上去溫婉優雅，毛茸茸的外表還略帶一點可愛，實則又硬又酸。不過只有吃過青梅後才明白為何望梅可以止渴，我如今一想到大青梅都還口舌生津

大青梅

呢！

大青梅可以拿來泡酒，也可製作果脯，直接食用的人不多，畢竟再嗜酸的人，也啃不了幾顆如此酸澀的梅子。青梅是尚未熟透的狀態，待其轉黃時，意味著端陽將至，而黃梅是嵊州人端陽要吃的「五黃」之一。

遠未到端陽的春末夏初時節，紫得發黑的桑葚早已掛滿了桑樹的枝頭。九十年代時，桑農種桑只為餵蠶，並不會有人特意採摘桑葚拿去售賣，桑農任由果實爛熟脫落而不予理會。那時候，我常跟著姐姐和她的朋友們去桑園摘桑葚吃。桑園種桑既然主要是供養蠶戶做飼料用，就絕無施加有毒化肥農藥的可能。因此除了粉塵小蟲子，桑園裡的桑葚是可放心食用的。我們甫一開摘就已忍不住吃了起來，桑葚的染色能力甚強，很快我們所有人的手指、嘴唇都已發黑，最好笑的是，一張嘴才發現各自的牙齒也都遭了殃，每人都成了黑齒怪，大家你看我我看你，笑得連腰都直不起來了。

由於桑葚結在枝頭無人理會，因此我們可以採摘到完全成熟的果子，其味之濃郁香甜非如今水果店售賣的半熟品可比。不過桑園裡自然有比我們捷足先登者，一些聚合果飽滿、個頭較大的果子早已被鳥兒啄食，還有些大蜘蛛在果實周圍結網，以桑葚為誘餌來吸引獵物落網，採摘的時候千萬要看仔細了，別打攪靜候獵物的蜘蛛。

我一直對桑葚有極好的印象，後來離開家鄉，偶在水果店看到有售賣的，連忙買來品嘗，結果味酸肉硬毫無香氣，與我記憶中的桑葚全然不同。再後來又被形似桑葚的大黑莓欺騙，買回來一吃才發現根本不是一回事兒，桑葚是桑科桑屬植物的果實，黑莓則是薔薇科懸鈎子屬黑莓亞屬的。

時至今日，我記憶裡最美味的桑葚還是童年時去桑園裡親自採摘的那些。離開家鄉後，只有在雲南吃到長果桑結出來的長桑葚時，我才依稀找回了點兒時的味道。

端午過後，楊梅就快要上市了。嵊州本地也產楊梅，只不過產量較少，品質不算突出，我小時候最常吃的還是慈溪的荸薺種楊梅。那時候台州與浙東山海相隔，他們的楊梅要運出來並不容易，因此我小時候從未聽過仙居楊梅的名號。一到了楊

慈溪楊梅

梅季節，小販們都一定聲稱自己售賣的是正宗的慈溪楊梅。慈溪楊梅的個頭雖不及東魁種來得誇張，但勝在核小味濃，一入口那濃郁馨香的楊梅味已把人俘虜，而絲絲果肉中滲出的甜蜜汁液更讓人欲罷不能，我常一顆接著一顆吃個不停，直吃到牙齒發酸才肯罷休。

有一年，姐姐去了慈溪一家酒店實習，近水樓台先得月，她採購了一大竹篾筐的新鮮慈溪楊梅送來嵊州。慈溪與嵊州咫尺之遙，一個多小時車程須臾便到。楊梅送到我家時，隔著竹筐都能聞到清香；打開竹蓋，掀開鋪蓋在上面的細長翠綠的楊梅葉，下面是粒粒碩大絲絲飽滿的慈溪楊梅。那一筐楊梅下肚，全家人當年對楊梅再無欲求。

每年，我們都會浸泡一小罎楊梅酒，這是嵊州人的傳統。搬來香港後，初初無處尋覓優質的楊梅，後來新興的兩家浙菜品牌來港開分店，慈溪楊梅和仙居楊梅都有了供應。加之疫情期間各類買菜群湧現，楊梅的供港渠道越發通暢了。因此五六年前開始，我也在香港泡起了楊梅酒。雖然母親說楊梅酒可用來治療夏日腸胃不舒服及中暑的症狀，但我泡楊梅酒純粹是為了口腹之欲。酒液浸泡後的楊梅別有一番風味，有時候我和W小姐還會用楊梅酒調點雞尾酒喝，常有意想不到的效果。

嵊州楊梅不算好，但自古產桃李，尤以桃為多，是著名的桃產區。據說古代嵊州桃林廣泛分佈，古籍縣志中記載的著名桃種有端午桃、夏白桃、白桃和蟠桃等。民國二十一年（1932），嵊州引入了奉化水蜜桃品種。小時候，我時常搞不清各類桃子的品種，總之我印象裡最美味的是薄皮水蜜桃，果肉軟糯多汁，一咬下去如奶油雪糕般順滑綿軟。但水蜜桃要完熟摘取才美味，因此離開家鄉後就很難吃到如此水準的水蜜桃了；北京的大脆桃雖也美味，但總歸是兩種不同的體驗。

小學時，鄉土教育課上老師常說嵊州的桃形李是名優產品，可我從小就對李子興趣寥寥，因為李子皮滑溜溜又難咬斷的口感常令我起雞皮疙瘩，一口咬下去牙齒打滑，猶如黑板擦的金屬邊緣刮蹭到黑板一般令人難受。我後來得知，桃形李是八十年代後期才推廣開的，嵊州原來的著名李子品種為青宵李與紅心李。母親愛吃李子，因此應季時家中常有，不過李子吃多了容易食滯，有時候母親下午貪心多吃了兩個李子，晚上吃飯胃口就差了，這就是嵊州人說的「頓心」了。

盛夏時候，自然是吃西瓜的季節。小時候我家人口多，買西瓜都需一批批購買，不然一個西瓜頃刻分完，立刻還要再買。西瓜不易壞，只要存放在陰涼乾燥處，幾日後都還新鮮如初。以前沒冰箱，我們會用院中古井來「冰鎮」西瓜，只需將西瓜用塑料袋包好，然後用繩索將其緩緩沉入井水中即可。一兩個小時後將西瓜拎出來，一摸表皮就知道，裡面一定已經「透心涼」了。

嵊州產西瓜的區域主要在東邊各鄉鎮，七十年代時引入了不少良種，因此市面上賣的西瓜各種顏色大小形狀的都有，圓如籃球的青綠西瓜，長如冬瓜的墨綠西瓜，又青綠又長條形的波紋西瓜等等，讓人看得眼花繚亂。但父母買西瓜早有經驗，不會被外表所迷惑，只見他們用手指輕輕敲擊西瓜表皮，再用心聆聽聲響，就能八九不離十地挑出高品質的瓜來。那時候的小販為了表示自己的西瓜絕對表裡如一，會用小刀在瓜上切一小三角，然後抽出一條瓜肉供仍未下定決心購買的客人品嘗。一般人嘗完，如果覺得味道不錯，哪還有空著手離開的道理？

說到西瓜，又想起個小插曲。有時候母親急於給大家切瓜，博刀常洗得草率，結果西瓜肉上偶會殘留有淡淡蔥蒜的味道，這是我小時候最怕遇到的噩夢之一。後來姐姐看到報紙上說家中刀具一定要生熟葷素分離，才能確保乾淨衛生，母親照辦後，西瓜肉上沾染蔥蒜味的事兒確實再未發生過。

母親說，在我家尚沒有固定舖位前，她和父親每日都去江濱路擺攤賣糖。雖說不算固定攤位，但小販們都互有默契，大家每日都佔著固定位置本分經營。母親說，我家糖攤旁邊是個姓陳的賣紅燉蹄膀和豬腳爪的老師傅，日子久了大家也就熟稔，有時候他收攤還沒賣完，就會送些豬腳爪給我父母吃，他倆則回贈些糖果。後來閒聊時，陳老師傅還教我母親燉蹄膀和豬腳爪的訣竅，據說我母親燉蹄膀的手藝是從他那裡偷師來的呢。在陳氏燉鴨橫空出世的年代，江濱路上還出現了一家陳啟波菜館，一開始專賣蹄膀和豬腳爪。母親第一次看到這爿店時，就進去問店主，您父親是某某某嗎？結果他果真是當年與父母親一起擺攤的陳老師傅的兒子，看來陳家這燉蹄膀的手藝不但沒失傳，還做成了規模經營，變得遠近聞名了。

我小時候，崇仁燉鴨已非常有名，但詢問從業人員得知，雖則崇仁有逢年過節燉鴨吃的傳統，但將燉鴨作為當地飲食名片推廣開來，則是上世紀八十年代當地政府主導的行為，並非古已有之。嵊州人向來愛吃鴨，燉鴨是傳統做法之一，各家有各家的燉法，一些熟菜館也賣整隻捆綁起來燉製的鴨子，而所謂陳氏燉鴨則是九十年代才出現的品牌，哪來燉了一百五十年之說呢？

我姐姐年輕時，追求者眾，這些追我姐的哥哥們為了給她留下好印象，常想方設法來討好我，其實我一個小毛孩說的話，我姐怎麼會參考呢？不過我倒是從中得了不少好處。記得有位崇仁鎮出身的裘姓哥哥——崇仁最大的姓就是裘——有一年冬天邀請我們全家去崇仁古鎮遊玩，到了崇仁後，我們先在他家吃了頓午飯，桌上就有這道著名的崇仁燉鴨。據說當天的燉鴨是他父親親自做的，味道確實很好，以至於我後來吃到市

崇仁燉鴨

面上賣的預製燉鴨，覺得除了調味料的鮮味外，簡直毫無食材自身的味道可言。那天吃完飯，我們還遊覽了崇仁著名的瞻山古廟，我記得自己抽了個上上籤，解籤老者為我細細講來，時至今日我早已不記得他說的解籤語，只記得崇仁燉鴨的味道了。

插句題外話，「瞻」字在當代嵊州話中讀「tsoen」，唯獨在說「瞻山廟」時要讀「tsien」，這也是嵊州話中部分字保留有不同時期發音的例證之一。

說到江濱路就不得不提我小時候的夜宵生活了。在越秀路興起前，江濱路一到晚上就是嵊州的夜宵聖地。各路小攤販踏著三輪車沿著江濱路擺攤，一直到接近西橋頭都是繁華熱鬧的所在。

瞻山廟

夜宵攤販堵塞道路，城管常來規管都不見成效，畢竟這是人民群眾的剛需所在，民以食為天，夜宵攤也就春風吹又生了。

我小時候最愛吃的夜宵是燒烤，嵊州的燒烤不似東北燒烤，也非新疆羊肉串，不知道燒烤師傅這手藝是何處學來的，總之是自成一派的味道。有一個大鬍子燒烤師傅與我父親熟稔，他也是我印象中最早開始在嵊州做燒烤生意的人之一，不管潮流如何變化，我們家都基本只去他那裡吃燒烤。據說後來，他生活富足，就不再出來擺攤，我們也就只能走馬觀花般去試吃其他燒烤攤了。

他做的燒烤品種並不多，只有羊肉串、牛肉串、全雞翅、全雞腿和兔腿這五種而已。他的羊肉串和牛肉串都是細肉小

炭火燒烤攤

串，一口就可擼一串，當年的價格也便宜，五毛錢一串；我印象裡雞翅是三元一隻，雞腿五元，兔腿十元，當然這都是九十年代中期的物價記憶了。他燒烤時不加太多調味料，主要是鹽、甜麵醬和辣椒粉，我印象中，他連孜然粉都不用。不過說是燒烤，其實諸如雞翅雞腿兔腿者，他都提前用水焯過，因此烤製時間較短，不似完全生烤，需要等待較長時間。我最愛吃的是雞翅，因為肉活而鮮，烤後雞翅尖的骨頭都鬆脆可嚼；兔腿則算奢華選擇，有時候大人們會以鬍子佬的烤兔腿為打賭標的，無論誰輸了，自然口福都在我。

後來，嵊州的燒烤攤花樣百出，出現了炸串、生烤、先炸後烤等新花樣，還出現了煎裡脊肉串等小吃。不過上初中後，我吃燒烤的次數越來越少，反而更常吃菜乾餅、烤豆腐饅頭之類的夜宵。高中開始每日都要上晚自習，那三年，父親總會在我放學回家前準備好夜宵。他每天變著花樣買不同的點心，偶爾買到我不愛吃的，我還會發脾氣，現在想來真是愧疚。

儘管父親夜夜為我買夜宵，但我們一起在外吃夜宵的經歷卻很少，唯一記得的是某個寒風凜冽的冬夜，我們在江濱路某個塑料棚搭的攤位上，吃了一鍋熱氣騰騰的砂鍋餛飩。傳統上嵊州人並不吃餛飩，只吃湯包，那是我第一次品嘗大餛飩。餛飩的味道早已模糊，但在朦朧的熱氣中，父子倆對坐吃夜宵的畫面，至今仍深深刻在我的記憶裡。

三、昔人已逐東流去[12]

說到父親，我又想起我從未見過的爺爺奶奶。嵊州方言裡，奶奶叫「娘娘」[13]，「奶奶」則是乳汁、乳房之意。小時候，每當周圍的同學說起自己的爺爺奶奶如何如何，我就插不上話了，因為遠在我出生前，他倆就已去世了。

以前與父母去半塘村上墳的時候，母親跟我說，與你爺爺同葬的這個奶奶不是你父親的娘。小時候的我聽了這話只覺雲裡霧裡，如何這夫妻合葬墓裡的奶奶不是我親生奶奶呢？後來才知道，原來我爺爺生前有三房太太，我的親奶奶是續弦，正房太太去世後爺爺從新昌迎娶了我奶奶。

父親去世之後，徐家錯綜複雜的親戚關係再也無人說得清楚了，一切都成了歷史迷案。其實我們連父親是否是 1937 年生人也不確定，因為據說某次剡溪洪澇，水漫老城區，父親的出生證明被水沖走，後來補辦證件時，他就按自己的印象在出生年月日一欄裡填了「一九二七年八月十五」[14]。以前剡溪河道淺，一旦大雨，河水就會湧進老城區。不過我小時候，治洪已取得相當之成效，只有 1998 年長江大水時，連日的暴雨導致剡溪河水漫出河道，但只是在江濱路上有些積水而已，河水遠未能湧入老城。

在諸多家族謎團中，唯一可以確認的是，大伯是元配所生，小娘（即小姑姑）是三房所生，他們都與我父親同父異母。我記得二伯也是元配所生，因為他和大伯一樣高大挺拔，遺傳了爺爺的高個子基因，而我父親許是遺傳了奶奶的基因，身高只有一七零左右。母親說，你還有一個大娘娘，很早就嫁去了桂林，可我只聽說過這個姑姑，從未見過；據說她與二伯是有聯繫的，由此可見，大姑姑和二伯都應是原配所生，與我父親同父異母。不然大姑姑怎可能從不來探望自己的胞弟呢？

母親說，我的太爺爺是來嵊縣做生意的紹興人，他在南門外大街[15]開了一家叫同發茂的油米醬行。他的生意一度非常興隆，後來就索性舉家搬遷來嵊定居了，這也是我父親常說的「世居城關」的由來，到我這一代人為止，我們家族確實一直住在嵊縣古城牆內。大伯年輕時去從軍，二伯則從小跟著爺爺進貨做生意；解放後，爺爺的店自然被公私合營了，我二伯就去了嵊縣糧管局工作。據說他對柴米油鹽醬醋茶都十分了解，只要抓一把米，他就能感覺出米的水分含量，從而判斷出這是陳米還是新米。

我奶奶是新昌嫁來的大戶人家小姐，能娶大戶人家小姐做續弦，可見當時徐家應該在嵊縣還是有些身份地位和財力的。不過奶奶嫁來嵊縣後，應該過得很不開心，母親說太奶奶是個很厲害的角色，對這新兒媳相當苛刻；而爺爺又常拈花惹草，到後來索性娶了第三房太太，對我奶奶百般冷落。我無從知曉奶奶的遭遇細節，只知道在我父親四歲時奶奶就因瘋病去世了，據說她去世的時候還抱著我父親一起睡在床上。我父親發現自己怎麼推搡都叫不醒母親，於是哇哇大哭，家裡人才發現我奶奶已然斷了氣。按照舊時人們嫁娶的平均年齡推斷，我奶奶去世時應該還非常年輕。母親說，奶奶原葬在城外剡溪邊，建國後，政府大修堤壩大改河道，我奶奶的墳也就淹沒在了剡溪內，再也無處祭拜了。

據說我爺爺十分高大，很顯然大伯和二伯遺傳了這高個子基因，身高都近一米九。我小學時只覺得大伯像一株入雲的古樹，據說他民國時是個軍官，到了老年還依舊十分挺拔威嚴。每次，一襲長衫的他拄著拐杖佇立在我面前時，我都有些害怕。他比我父親要年長二十多歲，我父親五十歲生我，可推知那時候大伯已年近八旬。由於我的小學在城南，與大伯晚年的住所非常近，因此有時候大媽[16]就會叫我去家裡吃飯；印象中，大媽總是非常和藹可親的。大伯的孫輩們按輩分要叫我小叔叔，但他們少則比我大兩三歲，多的比我大七八歲，看見一個小毛孩如何肯叫叔叔。於是我就去和大媽告狀，說侄子們見到我都

城南小學

不叫叔叔，大媽就把他們一個個都訓了一頓，從此之後只要無法避免打照面，幾個大侄子都只能乖乖地叫我一聲小叔了。

後來大伯得了肺癌，在他臨終前我去看望過他，那時他已難以講話，我站在他床邊，只聽到他轟鳴般的呼吸聲，看到他吐出的青綠膿痰。大媽沒有讓我久待，叫我趕快回家去，下次再來看大伯。說是下次，沒想到已是永別，再次見到大伯時，他已是靈堂裡擺放的一張偌大的黑白遺像。那年還不興火化，人死仍要入土為安，堂哥堂姐們在大伯家樓下的空地上請人搭起了涼棚，請來喪儀隊和道士搞了七天儀式，還請了到燴廚師做了整整七天的「豆腐飯」。所謂「豆腐飯」是嵊州人喪葬禮儀的一部分，出喪人家要請前來弔唁的賓客吃飯，菜式簡單清淡，以素菜為主，其中一定會有大塊的煮豆腐，故而得名。那幾日，父母親都在靈堂幫忙，我中午放學，就去靈堂外的涼棚下吃豆腐飯，這是我對大伯的最後印象。

我離開家鄉後，再也未參加過家族中長輩的葬禮。每有長輩離世，我都是依稀從母親與姐姐的閒聊中得知的，母親也不會特意通知我。我想，親情真如一縷煙，飄得越遠就越顯稀薄了。

母親說，爺爺的三房太太對我父親並不好，他小時候沒少受欺凌。但她的女兒——也就是我的小姑——與我父親卻非常親密。小姑是我父親的兄弟姐妹中最疼愛我的一位，至今我們與小姑家仍有往來，其他父親家的親戚則早已很少聯繫。小姑嫁去了高家宓家[17]，那是剡溪南岸一個離老城區不遠的地界。有時候我放暑假在家，父母親生意繁忙無暇照料我的起居，小姑就會主動提議接我去她家小住幾日。每次我去她家，她必殺雞宰鴨，將每一餐飯都安排得十分豐盛。

想必小姑與我父親一樣，並未繼承到多少爺爺的遺產。她一生十分勞碌，不過她把家裡的日子經營得明明白白。記得她曾做過甲魚養殖生意，我當時去她家玩，看到小小的甲魚幼苗愛不釋手，於是小姑送了兩隻甲魚幼苗給我。我將小鱉帶回家後，父親堅持要把牠們送回去，說這是小姑做生意的本錢，又不是寵物店的小烏龜。可小姑說，成成喜歡就好，兩隻小鱉打什麼緊。不過後來這兩隻小甲魚不幸被我養死，辜負了小姑的一片心。

當年從小姑家拿的鱉苗大約這般大小

小姑忙碌了大半輩子，本以為人到知天命的歲數總可享點清福了，當時她的大兒子已上大學，女兒也即將高考，肩上的擔子終於可以卸下來一些。可上天不公，她突然病倒了，因為常年的勞累和疏忽她得了肝癌，發現時已是晚期。據說她臨終時還向我父親問起我的近況。家中大人迷信，說小孩不宜探望臨終病人，於是我未能見上小姑最後一面。小姑雖已去世多年，我偶爾還是會想起她那溫柔慈祥的笑容。正是歲月長河中這些長輩的愛，讓我們在未來的風雨中始終懷揣一股無形的力量，足以面對所有艱難險阻。

說了許多父親那邊的親戚，最後想說一下我那傳奇的太姨婆。太姨婆是我外公的親姨媽，也就是我太外婆的親妹妹。自我有印象起，太姨婆就一直是披肩髮，兩邊的頭髮用黑色的金屬細髮卡整理得服服帖帖；夏天她愛穿斜襟布紐薄衫，冬天則換上斜襟厚襖和厚坎肩，我印象中她衣服的顏色多是黑色或藏青色，而鞋子總是青黑色的百納底布鞋。太姨婆的臉上雖然密密麻麻地佈滿了皺紋，但她的神情總是十分乾淨利落，絲毫不顯老態；她的眼睛因眼角皮膚鬆弛下壓而變得有些三角眼，但眼神依舊清澈有神；她最喜打麻將，每天都在老城內穿街走巷找麻將搭子們打牌聊天。她說話思路清晰，口齒清楚，全然不像一個八十多歲的老太太，而且她不僅煙酒不忌，還胃口特好，一餐可以吃一大碗飯。

母親說，太姨婆年輕時在上海毛巾廠工作。國共內戰時，她的丈夫被國民黨抓了壯丁，至今不知所終。後來她回嵊州重新組建了家庭，與第二任太姨公生了六個孩子。太姨公六十多歲時，某天猛打了三個噴嚏，隨後突然倒地一命嗚呼了。如今想來，他應該是突發腦溢血殞命的。第二任太姨公去世後，太姨婆就一直隱居在老城中。在我的印象裡，她只是一個慈祥可愛又特別疼愛我的老太太。九十年代早期，當別人還給十塊五十塊的壓歲錢時，她每年都至少給我一百塊起的大紅包。每次見到我，她都會笑眯眯地抱抱我，摸摸我的頭。每當我在路上偶遇太姨婆時，一定會興高采烈地和她打招呼。

不過，太姨婆愛吃黴莧菜梗和腐蘿蔔頭，發酵得越深她越愛，可我小時候覺得這些東西臭氣熏天，聞到就想跑。有一天她在我家老台門裡和人搓麻將，母親就留她一起晚餐。我家晚餐的菜式本就豐富，可太姨婆說若有點腐蘿蔔頭下飯就更好了，於是母親從醃菜罋中挖出一小碗黴軟的臭蘿蔔來。我看到這碗蘿蔔已然相眴，但礙於長輩面子還是得繼續坐在桌邊陪吃。太姨婆吃了一口臭蘿蔔說，有這個下飯真是好！她說完這話，順勢用手抹了下嘴巴。我當時就想，一會兒她離開時決不能被她摸頭，因為她的手是抹過臭蘿蔔汁的！我已記不清當天她臨走時有沒有來摸我頭，但這段臭蘿蔔往事卻一直留在我心中。

太姨婆到了九十歲還十分硬朗，依舊每日介在城裡走來走去找麻將搭子打牌消磨時光。然而天有不測風雲人有旦夕禍福，有一日，太姨婆在去朋友家的路上不小心摔了一跤，當場就站不起來了。後來雖經醫治稍有恢復，但她再也沒法站立行走了，只能在家臥床休養。臥床之後，她的身體就一日比一日地差了下去。我隨父母去看望過她好幾次，初摔傷時，她依舊精神飽滿，言談銳利；到後來則日漸消瘦，連話也懶得說了。太姨婆的精氣神像被抽走了一般，延宕了數月之久，她如那兩株枯根廣玉蘭古樹一般漸漸凋零。有一日小外公[18]打電話來通知我母親說，太姨婆走了。我聽說太姨婆沒了，心裡難過了好長一段時間，那個疼我的老太太就這樣走了。想起當日她在我家吃腐蘿蔔時我還嫌棄她，不禁心懷愧疚。

人生如剡溪奔湧，每一代人都只是其中的一段流水。孩子總要掙脫溫暖的繈褓，長成獨當一面的模樣；長輩們終將褪去挺拔的身姿，化作記憶中的剪影。

剡溪

那些清晨灶間裡飄蕩的香氣，那些深夜床頭輕搖的蒲扇，那些離別時塞進行囊的筍乾菜，那些重逢時欲言又止的淚光——這些細碎的溫暖，在時光的窖藏中越發醇厚。它們不是簡單的回味，而是融進骨血的生命印記。

飄飄何所似，天地一沙鷗，人生終究是一場孤獨的遠行。但愛的饋贈讓我們永遠不是真正的孤兒。那些消逝的身影，在記憶的星河中永遠明亮；那些沉澱的溫情，足以融化未來數十載的寒霜。

這正是我想反覆回味的永恆滋味。

註

1 本篇寫於 2025 年 4 月 12-13 日。

2 出自唐代崔顥的《舟行入剡》。

3 會昌毀佛指唐武宗李炎在位的會昌年間（840-846）推行的滅佛政策，又稱會昌法難。

4 始建於東晉義熙二年（406）。

5 鶴年堂藥店由餘姚人羅嘉會於清乾隆二十三年（1758）創設於嵊州老城內，為當時全縣最大的藥店。抗日戰爭時期曾被日軍飛機炸毀，戰後重建，目前仍在經營中。

6 品客，即 Pringles，舊譯「翹鬍子薯片」，是美國的薯片品牌。

7 即死麵。

8 孫中山語。

9 1915 年王金發就義後初葬於西湖臥龍橋畔，中華人民共和國建立後遷至龍井公墓，1992 年 2 月由杭州龍井公墓遷回嵊縣。

10 即本地原產的青皮甘蔗。

11 出自唐代李白的《秋下荊門》。

12 出自唐代陸羽的《赴剡溪暮發曹江》。

13 此處發第三聲，若發第一聲則為姑姑的意思。單説一娘字，若發三聲則為母親之意。

14 此處「八月十五」乃農曆日期，而非公曆；嵊州人傳統上以農曆日子記生日，因此身份證上常有錯訛。

15 嵊州人一般簡稱其為南大街。

16 嵊州方言，大媽即大伯母。

17 老城區南郊的兩個相鄰的村子，嵊州人習慣兩村聯名稱呼。

18 太姨婆的幼子，我外公的表弟。

索引

篇目代碼

A ｜我的抓周選擇——代自序
B ｜記憶中的熟菜攤
C ｜千般味俱往矣
D ｜徐家的副食品舖子
E ｜一碗年糕幾段思念
F ｜柔心暖胃陋巷裡
G ｜一粉一麵思華年
H ｜春之味
I ｜夏日將至
J ｜端午年關朦朧煮粽夜
K ｜毛蟹往事
L ｜秋收冬藏
M ｜大爐旺火多年前
N ｜何當共賀團圓年
O ｜酒以及它的遺產
P ｜老灶邊的外婆
Q ｜外公與賀壽饅頭及其他
R ｜母親的廚藝與口味
S ｜咸陽宿草幾回秋
T ｜雜絮補遺

1 ｜小吃、零食、飲品及製作

2 ｜菜肴、調味料和烹飪相關

3 ｜食材、水果及動植物名

4 ｜地名、機構名及名勝古迹

5 | 節氣、節日及習俗

6 | 生活用品、服飾及起居相關詞匯

7 | 人名

8 | 文藝作品名、書名及文化相關

9 | 方言詞匯

參考文獻

張秀銚 輯：《嵊縣古代土特產》（嵊縣：嵊縣科學技術委員會、嵊縣科學技術協會，1982 年 9 月）

嵊縣農業局 編著：《嵊縣農業志》（嵊縣：嵊縣農業局，1988 年 8 月）

浙江省嵊縣政協文史資料委員會 編：《嵊縣風物》（嵊縣文史資料第六輯）（嵊縣：浙江省嵊縣供銷社印刷廠印，1989 年 12 月）

嵊縣志編纂委員會 編：《嵊縣志》（杭州：浙江人民出版社，1989 年 8 月）

嵊縣城鄉建設委員會、浙江省測繪局外業測繪大隊 編製：《嵊縣地圖冊》（哈爾濱：哈爾濱地圖出版社，1993 年 4 月）

嵊州市圖書館 編：《剡錄普讀本》（嵊州）

嵊縣民間文學集成辦公室 編：《中國民間文學集成浙江省嵊縣歌謠諺語卷》（杭州：浙江省民間文學集成辦公室，1988 年 12 月）

【清】張逢歡 修，【清】袁尚衷 等纂：《（康熙）嵊縣志》（北京：中華書局，2024 年 6 月）

【清】嚴思忠、陳仲麟 修，【清】蔡以瑺 等纂：《（同治）嵊縣志》（北京：中華書局，2024 年 6 月）

責任編輯
寧礎鋒
封面設計
Kaceyellow

書名
小城回味志
作者
徐成
拉頁繪畫
陳旭

出版
三聯書店（香港）有限公司
香港北角英皇道 499 號北角工業大廈 20 樓
Joint Publishing (H.K.) Co., Ltd.,
20/F., North Point Industrial Building,
499 King's Road, North Point, Hong Kong
香港發行
香港聯合書刊物流有限公司
香港新界荃灣德士古道 220-248 號 16 樓
印刷
美雅印刷製本有限公司
香港九龍觀塘榮業街 6 號 4 樓 A 室
版次
2025 年 7 月香港第 1 版第 1 次印刷
規格
大 32 開（140mm x 200 mm）336 面
國際書號
ISBN 978-962-04-5681-7

三聯書店
http://jointpublishing.com

JPBooks.Plus
http://jpbooks.plus